重庆综合经济研究文库

分析宏观形势 · 预测区域发展 · 提供决策服务 · 建设一流智库

重庆市决策咨询与管理创新计划重大项目

项目编号：cstc2013jccxC00003

基于GIS的重庆城镇和产业布局优化研究

光 丁 瑶 邓兰燕 等◎著

Research on the Optimization of Urban and Industry Layout of Chongqing Base on GIS

中国经济出版社
CHINA ECONOMIC PUBLISHING HOUSE
北 京

图书在版编目（CIP）数据

基于GIS的重庆城镇和产业布局优化研究 / 易小光等著.
北京：中国经济出版社，2017.11（2024.6重印）
（重庆综合经济研究文库）
ISBN 978-7-5136-4771-7

Ⅰ.①基… Ⅱ.①易… Ⅲ.①地理信息系统—应用—城乡规划—规划布局—研究—重庆
Ⅳ.①TU984.271.9-39

中国版本图书馆CIP数据核字（2017）第164743号

责任编辑　姜　静
助理编辑　汪银芳
责任印制　马小宾
封面设计　久品轩

出版发行　中国经济出版社
印 刷 者　三河市金兆印刷装订有限公司
经 销 者　各地新华书店
开　　本　710mm×1000mm　1/16
印　　张　10.25
字　　数　136千字
版　　次　2017年11月第1版
印　　次　2024年6月第2次
定　　价　69.80元
广告经营许可证　京西工商广字第8179号

中国经济出版社　**网址** http://epc.sinopec.com/epc/　**社址** 北京市东城区安定门外大街58号　**邮编** 100011
本版图书如存在印装质量问题，请与本社销售中心联系调换（联系电话：010-57512564）

《基于GIS的重庆城镇和产业布局优化研究》课题组成员

组　长

易小光　重庆市综合经济研究院院长、研究员

副组长

丁　瑶　重庆市综合经济研究院总经济师、研究员

邓兰燕　重庆市综合经济研究院科研管理处副处长、副研究员

主　研

张海荣　GIS经济空间规划研究与应用实验室副主任、高级工程师

李雪梅　GIS经济空间规划研究与应用实验室高级工程师

苏　凡　GIS经济空间规划研究与应用实验室副主任、工程师

贾静涛　GIS经济空间规划研究与应用实验室助理研究员

唐于渝　重庆国际投资咨询集团有限公司助理研究员

陈俊华　重庆市综合经济研究院博士后工作站（国家级）博士后
西南大学地理科学学院地理教育系系主任、副研究员

前　言

生产力布局的科学合理性直接关系到区域经济的竞争力，以及社会、生态环境的可持续发展能力。当前，重庆正全面贯彻落实党的十九大和习近平总书记系列重要讲话精神，按照“五位一体”总体布局和“四个全面”战略布局要求，结合国家统筹实施“四大板块”和“三个支撑带”空间发展战略的宏观背景，深化和拓展区域协调可持续发展，优化主体功能区域划分、实现整体功能最大化是未来一段时期的重要任务。基于重庆三次经济普查数据，定量识别全市生产力的时空特征，并结合全球产业中长期发展趋势，提出深化重庆生产力布局的相关建议，对促进全市产业和城市功能合理布局具有重要意义。

本书旨在利用地理信息系统（GIS）发展成果，通过相关理论和 GIS 案例研究，构建完善的城镇、产业空间数据库，采用定性、定量与空间分析相结合，静态分析与动态分析相结合的研究方法，定量识别重庆城镇和产业空间发展现状，准确刻画重庆城镇和产业空间格局，找到存在的问题，分析未来影响因素，有针对性地提出重庆城镇、产业布局进一步优化的重点任务及相关对策，有利于实现城乡统筹发展的国家中心城市战略目标，该研究方法也为创新人文社会科学研究模式与决策咨询方法提供了有益探索。

课题组

2017 年 10 月

目录 Conternts

第一章
Chapter 1

相关理论和GIS方法案例综述

地理信息系统（Geographic Information System，GIS）是对地理、空间数据进行采集、存储、管理、运算、分析、显示和描述的计算机系统[①]。GIS 兴起于 20 世纪 60 年代，由加拿大学者汤姆森首先提出，并建立了加拿大土地管理信息系统。1969 年，Jack Dangermond 创立了第一家 GIS 软件公司——ESRI 公司，随后地理信息技术在美国快速发展。到 70 年代末，地理信息技术也迅速扩展到其他发达国家，德国、日本和瑞典等国地理信息系统蓬勃发展。80 年代，随着信息网络技术的兴起，极大地提高了地理数据的传输速度，使 GIS 技术应用领域更加广泛，成为服务政府决策的重要工具，也进一步促进了地理信息产业的快速发展。

我国地理信息系统起步较晚，20 世纪 70 年代末，以陈述彭为代表的地理学家提出开展 GIS 研究的倡议，随后，GIS 理论与技术的研究热潮在科研院所和高等院校中兴起。进入 80 年代后，地理信息系统迅速发展，在理论探索、系统开发、人才培养等方面取得了突破性进展。其中，中科院遥感所 GIS 研究室的成立标志着我国 GIS 发展正式拉开序

① 定义来源：维基百科，https：//en. wikipedia. org/wiki/Geographic_ information_ system.

幕。80 年代末，武汉测绘科技大学开始招生 GIS 本科生，标志着我国 GIS 发展开始进入有计划、有目标、有组织的快速发展阶段。90 年代，随着 MapGIS、Geostar、Citystar 等一批具有自主知识产权的 GIS 软件的推出，我国 GIS 进入了产业化的发展阶段。目前，GIS 广泛应用于生态环保、土地开发与利用、城市规划与管理、资源调查与利用等国民经济建设各个领域，并在辅助决策中发挥着重要的作用。

一、主体功能区划研究综述

改革开放以来，我国经济持续快速发展，取得了举世瞩目的成就。与此同时，城市开发建设也存在空间开发无序低效、生态环境有所恶化等问题，制约了区域经济可持续发展。为了规范国土空间开发秩序，优化国土空间结构，国家提出了以主体功能区规划为基础，统筹各类空间性规划，推进“多规合一”的战略部署。为贯彻落实这一战略部署，国家发展改革委、国土资源部、环保部及住房城乡建设部在全国 28 个市县开展“多规合一”试点。在此基础上，中办和国办联合印发了《省级空间规划试点方案》，对进一步提升国土空间治理能力和效率、优化空间开发模式提出了新要求。

主体功能区划是一项非常庞大的系统工程，涉及经济学、生态学、环境化学、社会人文科学等众多相关学科。不同领域的专家学者从不同研究视角对主体功能区理论基础进行了广泛而深入的探讨。樊杰[1]认为，地域功能形成机制、区域发展分异规律、空间结构演变以及区域均衡发展等经济地理学理论是主体功能区划分的科学基础，为国土利用、人口分布、城镇建设、产业发展、生态保护有序发展提供了重要的科学依据；主体功能区规划坚持因地制宜的基本原则，科学识别地域功能，构筑有序的区域发展格局。陆大道等认为，主体功能区划本质是一种区域空间规划，“点—轴系统”理论、“人地关系地域系统”理论、“双核结构”理论、“城市区域”理论可作为主体功能区划的理论基础。从现有研究看，多数学者认可空间有序性法则理论、科学发展观、生态经济理论、地域分异理论、协调发展理论、区域空间结构理论、可持续发展理论等为主体功能区划的理论基础。在这些理论中，空间有序性法则是地域主体功能区划的主旨所在，科学发展观是主体功能区划的主要理论，生态经济理论引导其主体功能定位，地域分异理论有助于其区域类型辨别，协调发展理论和区域空间结构理论促进其空间协调，可持续发展理论指导其发展的战略理论。

二、区域人口发展理论综述

人口理论发展可追溯到18世纪下半叶，1798年，马尔萨斯发表的《人口论》中提出“人口均衡陷阱”理论。19世纪以来，随着经济社会的发展和科学技术的进步，以马克思主义人口理论、凯恩斯学派的人口经济学说、适度人口论等为代表的人口学理论也得到迅速发展。

马克思主义人口理论认为，人口过剩的存在是由于资本对劳动力的需求不足，而不是由于食物不足导致的过剩。马克思指出社会生产方式的不同决定了人口增长规律和过剩规律的差异，人口发展应遵循客观规律，与经济发展相适应。马克思主义人口理论从社会存在本身探索人口发展规律，揭示人口问题的本质，提出解决人口问题的科学方案，为制定区域人口政策提供了理论基础。

凯恩斯学派人口论兴起于19世纪30年代，主要代表人物有凯恩斯、哈罗德、罗宾逊、汉森、萨缪尔森等。该学派认为人口增长不仅扩大了消费，而且使投资规模扩大，促进经济快速增长；人口下降会导致消费缩减，造成有效需求不足，从而抑制投资和生产活动，有效需求也会相应地减少，导致大量人口失业。因此，他们主张国家实行经济干预政策，加大投资力度，刺激消费增长，扩大有效需求，创造更多就业岗位，解决人口相对过剩问题，实现失业人口充分就业。

人口适度学说包括早期经济适度人口学说和现代经济适度人口学说。早期经济适度人口学说由坎南于1888年在《初等政治经济学》中提出，主要代表人物有坎南、维克塞尔等。该学说认为任何一个国家的人口增长都应与它的社会经济发展及科学技术水平进步相适应，人口规模绝不能超过其工业和农业发展所承受的、最大生产率所能容纳的人口，但该学说只分析了静态条件下的适度人口规模，没有进一步阐述社会发展和技术进步对人口规模变化的影响。现代经济适度人口学说兴起于20世纪70年代，其主要代表人物有索维、俄林、皮尔福特等。与早期经济适度人口学说相比，其研究领域更加宽泛，最为重要的是把该理论从静态扩大到动态，考察技术进步、资本积累率对人口规模的影响，获得最大经济福利的人口。

三、产业空间理论综述

产业空间理论是人类经济活动在地域上的空间组织关系，是经济地域的主要经济要素在地域空间中的区位关系和组合形式，产业空间理论主要包括产业空间结构理论以及产业布局理论。

产业空间结构理论体系最早可以追溯到以杜能的农业区位论、韦伯的工业区位论、克里斯泰勒的中心地学说为代表的古典区位论。后来形成区域空间结构理论，主要代表人物邓恩通过引入地租理论，认为土地经营的纯收益是促使区位空间结构演变的主要动力。而弗里德曼则通过提出“核心—边缘理论”，认为区域经济发展将由单核结构向多核结构转变。到新经济地理学派时期，代表人物格斯巴赫等人提出促进形成产业集聚的主要因素，维纳布尔斯、利马奥等人研究发现除区域生产要素之外，地理位置尤其是与经济中心的距离相当的重要，马丁等提出在产业集聚环境下，区域竞争中优先获胜的企业对其他企业具有辐射带动作用，形成一种引力环境。

产业布局理论中，影响最大的是增长极理论，主要代表为法国经济学家佩鲁、布代维尔，瑞典经济学家缪尔达尔以及美国经济学家赫西曼。该理论主要认为经济增长通常从一个或者数个增长中心向其他部门或者地区传导，政府应该有意识地培育某个产业或企业作为经济“增长极”，从而带动相关产业和地区经济的整体发展，并强调区域发展中的“极化作用”，主张政府或者企业通过直接投资或者引入技术的方式形成增长极，对周围区域产业产生极化效应与扩散效应，在空间拓扑上客观形成从点到面的区域集聚、辐射作用。在我国，作为增长极理论的拓展和延伸，中国地理学家陆大道提出了“点轴理论”。该理论在产业集聚形成“增长极”的基础上，强调点与主要运输干线的关系，即强化“轴”的作用，认为轴线及其附近地区拥有较强的产业能力和巨大的发展潜力，称其为“发展轴线”或“开发轴线”，这类轴线将继续为各增长极发展服务，并不断吸引新的要素集聚在轴线两侧集聚形成新的点。

四、城镇空间理论综述

城镇空间是城市聚落的物质载体和空间形态，研究领域主要包括城镇体系、城镇空间结构以及城镇功能。

最早关于城镇体系的研究可以追溯到 19 世纪末英国学者霍华德提供的“田园城市”理论，主要强调城市应该与区域以及乡村之间形成有机联系。德国学者克里斯泰勒在 1933 年所著的《德国南部中心地》中提出了中心地学说，并对城镇体系组织进行了模拟和论证，开辟了城镇体系研究领域。20 世纪 60 年代初，美国学者邓肯正式提出了“城镇体系”这一概念，并阐述了城镇体系研究的实际意义。国内最早进行城镇体系研究的是建筑大师梁思成，改革开放以后，城镇体系研究不断深化，中山大学许学强通过对中国大量城市进行分析，提出城市规模是呈大小序列分布，且与其人口规模非线性相关。宋家泰等人将我国城镇体系通过职能划分为政治中心体系、交通中心体系、工矿业城镇体系、旅游中心城镇体系等几类。而顾朝林等则根据地域城镇化进程和经济成长过程，把城镇体系按照等级规模分为弱核体系、单核体系、单心多核体系、多核体系和强核体系。周一星提出区域城镇体系规划的主要内容应该包括中心城市吸引范围、基础条件、城镇化水平、城镇体系以及城镇发展水平评价等内容。

在城镇空间结构理论方面，帕克和伯吉斯提出了同心圆学说，并提出城镇空间结构应该是环绕市中心呈同心圆向外扩展模式。霍伊特提出的扇形学说、哈里斯和乌尔曼的多核心学说以及迪肯森的三地带学说等也是比较具有代表性的城镇空间结构学说。国内对城镇空间结构的研究基本上是从 20 世纪 80 年代开始，至 80 年代末期，主要的研究内容基本上集中于中国传统城市空间结构的演化历史、模式或者特征等方面。90 年代开始，国内学者从不同尺度对于城镇空间结构进行研究，姚士谋从区域角度对覆盖我国大城市的城镇空间发展进行了研究。周春山等人提出转型期中国城市空间结构带有多中心结构特点，主要有圈层结构、带状结构、放射结构、多核网络结构和主城—卫星城结构等 5 种城市空间结构模式。王慧、王战等通过研究认为开发区、大学科技城、中央商务区、新商业空间等新产业空间在城市经济空间结构重构中发挥重要作用，并将开发区影响下的城市经济空间结构演变过程分为对母城的依赖和索取的成型期、对周边区域的扩散辐射的成长期、对母城的反哺的成熟期 3 个时期。

在城镇功能理论方面，国外主要涉及城镇经济基础、功能分类和功能形成机制理论。城镇经济基础理论的代表人物有美国经济学家霍伊特、安德鲁斯和蒂鲍尔，该理论将城市经济结构分为基本经济部门和非基本经济部门，前者是城市的经济基础，主要为本城市以外的地区服务，后者主要是为城市本身的居民服务。关于城镇功能分类理论，英国学者奥隆索将城市功能分为六类，即行政、防务、文化、生产、交通和娱乐。而在城市功能形成机制理论中，英国人巴顿认为集聚经济是现代城市和城市经济功能发展的重要动因，美国人赫希则认为城市功能的产生是生产和需求两方面相互作用的结果。国内方面，孙志刚首先提出城市功能叠加性发展规律的三种表现形式为功能叠加倍增效应规律、主导功能变异进化规律和功能升级增量规律。茅芜则认为技术创新与产业升级分别应该是城市功能开发的动力源和重要杠杆。彭兴业等通过分析城市功能聚变与裂变两种不同的功能叠加模式及相应效果，进一步提出叠加功能异化论的观点。

五、GIS 在区域经济领域中的应用

（一）GIS 在主体功能区规划研究中的应用

主体功能区划是优化国土开发的综合性空间规划，在研究过程中涉及土地资源、水资源、生态环境、自然灾害、社会经济发展、人口分

布、交通基础设施等要素评价，以 GIS 技术为支撑的综合集成方法也得到广泛使用。

从区划技术路线看，国家发展改革委委托中国科学院地理所制定的《省级主体功能区域划分技术规程（试用）》采取了“自上而下与自下而上相结合、多法对比综合集成思路”。高国力也提出主体功能区划应采用自上而下的划分方法，同时允许部分省、市先行试点进行自下而上的探索。李宪坡提出采取逐级分摊和层层汇总相互校核的方法进行划分。湖北省采用“复杂性系统工程—简单化假设处理—合理化分析识别”思路。叶玉瑶提出了生态导向下的主体功能区划基本流程，并构建了主体功能区划层次判别系统。金凤君等按照“全局判断—分区评价—方案确定”的基本框架，提出了东北地区主体功能区划分的建议方案。

从区划技术方法看，定性与定量相结合的分析方法是主体功能区划的主要研究方法。其中，相关分析法、矩阵聚类、最终分类评价矩阵法、主导标志法、逐步归并的模型定量法、专家集成的定性分析法、聚类分析法、状态空间法等定量分析方法被诸多研究者应用。刘传明采用修正的熵值法、主成分分析法、系统聚类法、矩阵判断、叠加分析和缓冲分析等研究方法对湖北省主体功能区进行了分类。曹有挥等人依托 GIS 技术，采用趋同性动态聚类和互斥性矩阵分类相结合的梯阶推进的分区方法，将安徽沿江地区划分为四类主体功能区。张广海等人构建资源环境承载力、开发密度和发展潜力等评价指标体系，并运用状态空间法划定了山东省主体功能区。

（二）GIS 在人口研究中的应用

人口问题一直是世界各国最为关注的社会问题之一，其涉及自然、社会经济多个领域，因此，社会经济、自然地理等不同研究领域的专家学者进行深入研究。随着信息技术的发展，GIS、RS等现代地理信息技术在人口空间分布、人口聚集、评价人口压力等领域得到广泛应用。

目前，人口空间分布研究主要采用空间离散化模型来研究人口的分布及空间演变。廖顺宝等人以土地利用、海拔高度、主要道路、河流数据、具有空间地理坐标的居民点作为人口分布的主要影响因子，运用多源数据融合技术进行人口数据空间化，发现人口的分布明显受相关环境因素的影响。程砾瑜基于DMSP/OLS夜间灯光数据提出了一种研究人口空间分布的方法，为开展大面积的人口监测提供了一种新的方法和技术。曹丽琴等人基于DMSP/OLS夜间灯光数据做了中国湖北省的城市人口估算，研究结果表明DMSP/OLS数据用于城镇人口短期预测，结果能满足实际应用需求。

人口集聚度通常用某地区人口密度与全国人口密度的比值来表示，与人口丰度的价值含义基本相同。人口集聚度不仅可以反映人口分布现状，而且可以研究人口分布的动态变化及趋势，也能够反映出区域内城市化以及社会经济的发展格局。刘睿文等考虑自然环境条件、社会经济发展因素、中国人口分布状况等因素对中国人口分布进行了系统研究，结果表明中国人口分布整体上“东密西疏”的格局仍然突出，局部以平原为载体呈现沿交通干线、沿河流高度聚集的空间格局。

人口压力评价是指人口规模与社会经济、资源环境等发展不相适应或不协调，即人口的非适度状态。人口压力评价主要应用于人力资源合理配置、产业布局合理性、资源环境保护和利用等方面的研究。具体研究内容包括人口的过剩与不足，人口数量、人口结构、人口质量等对其他系统的压力。人口压力无论人口高增长地区还是人口低增长地区都可能出现，具体表现在人均耕地、粮食产量、人均居住面积等有形资源的占有，也表现在收入分配、生活水平、社会经济发展等无形资源的获取方面。王永丽等人用人口自然增长率、人口密度、人均 GDP、初高中在校人数百分比、性别结构、人口年龄结构等指标构建衡量人口压力的指标评价体系，运用层次分析法计算确定各承压因子的权重，探讨定量研究人口压力的方法和步骤，并对西安市各区域进行人口压力评价，得出人口压力与社会经济发展水平呈正相关性。

（三）GIS 在产业研究领域的应用综述

产业空间布局分析以及产业结构演变是早期 GIS 应用的一个薄弱环节。20 多年来，国内外学者对 GIS 传统的规划应用功能不断进行扩展，并取得一定成果。

1. 产业空间布局分析

产业结构是指一个国家或地区在社会再生产过程中三次产业所占比重，以及产业间相互作用的经济联系的技术方式。基于 GIS 技术对产业结构空间进行分析，可实现三次产业 GDP 在任意范围的统计，还能反映三次产业在空间上的分布状态。

产业结构空间分析模型。产业结构空间分析模型是利用 ArcGIS 的图层叠加、缓冲区分析、栅格化工具和统计工具，将第一产业 GDP、第二产业 GDP、第三产业 GDP 离散到整个统计区域，并将三次产业 GDP 最后的离散结果进行叠加，形成表达 GDP 的空间离散数据。在 GDP 数据中，第一产业增加值主要来源于农林牧副渔等行业，基本来源于农村；而第二、第三产业增加值主要来源于工业园区和城镇，仅有少量来源于农村。三次产业 GDP 离散化子模型充分考虑到了上述问题，把土地利用类型与农、林、牧、渔行业对应起来；重点考虑第二产业、第三产业在城镇和农村的不同比例，并在模型构建中予以实现。

2. 产业专业化及规模化研究

随着规模经济研究的深入，产业规模化、专业化的研究也逐渐深入。在区域经济学中，专家学者通常用区位商来研究某行业专业化程度及规模化发展水平，判断该产业在区域中是否具有发展优势。

区位商是指某一地区特定行业的产值占地区总产值的比重与全国该行业产值占全国总产值的比重之比。它是用来衡量某一产业的相对集中程度，识别产业集群化发展的水平。区位商越大代表该产业专业化、集群化发展水平越高。一般，区位商大于 1 时，表示该产业聚集程度高，在发展优势上比较明显；区位商小于或等于 1，则表示该产业布局比较分散，是自给性产业。

3. 产业结构演变

区域产业结构演变是指区域产业在关联效应不断显著，各产业实现协调发展的前提下，产业间及内部结构逐渐高级化、合理化，并最终达到最佳配置的这一过程。近年来，GIS 技术主要应用在产业资本要素在空间范围内汇聚的过程，应用在某些产业从某一地区转移到另一地区的经济行为，应用在产业结构的改善和产业素质与效率的提高对当前经济的影响，应用在调整和建立合理的产业结构对经济持续发展的意义。

（1）GIS 软件制图统计分析法

选取合适的指标用来衡量本区域经济发展水平，通过 GIS 的空间分析功能和统计功能，得到相关年份的经济状况分布图和综合各地级市各年份经济发展状况直方图，结合历年统计数据生成相应的专题图。窦文武利用 GIS 中的统计图对产业升级进行研究。决策者可以依据专题图对未来产业的发展方案确定重点，提出目标，做出规划。郭红等利用 GIS 软件对东北地区经济空间结构演变与发展趋势进行分析，依据各地区 GDP 随年份的变化，观察得出研究地区产业结构的演化进程。

（2）区域产业重心分析模型

曹宗龙等利用区域中心方法对经济与产业重心空间演变及动态进行分析。具体方法是根据所研究地区的经济数据，算出各个年份该地区经济重心和产业重心的坐标，再利用 GIS 下的 MeanCenter 模块生成该地区的经济、产业重心变化图。

（四）GIS 在城镇空间布局中的应用综述

GIS 在城市与城镇研究中的应用广泛，主要包括城镇空间布局、区位优势度、城镇之间的经济联系、区域人口空间格局等研究领域。

1. 城镇空间布局和区位优势研究

区位除了解释为某一主体或事物占据的空间几何位置，它还反映自然环境和经济社会环境之间在空间位置上的相互联系和相互作用，是交通区位、经济区位和自然地理区位在空间上有机结合的具体表现。城镇区位、等级评价研究是分析城镇的空间形态、规划结构模式、城镇用地空间布局与内外交通之间的关系的重要依据。

（1）区位优势度评价

区位优势度是反映区域经济、社会发展现状和潜力的重要指标。目前对区位优势度评价主要从道路与城镇对区域社会、经济发展的影响重要性出发，选取交通网络密度、交通干线影响度、城镇影响度作为区域优势度评价因子，进行区域优势度评价分析。由于交通是影响区域发展的一个重要因素，且交通优势度评价研究比区域优势度评价研究更加成熟，因此交通优势度研究可为区位优势度研究提供很大的借鉴与参考。如徐明德等人基于网格思想，通过 GIS 技术建立区位优势度模型，其结果充分反映了交通和城镇对区域经济社会影响的点与带状辐射、跨区域的特征，突破了行政区的限制。王昆等[43]在此基础上将城镇 GDP 指标引入到新模型中，建立统一的空间分析评价基础模型，提出以距交通线路距离优势度、交通网络密度优势度、经济影响力优势度作为区位优势度基本指标的评价模型，其结果大大提高区位优势度评价的精度。

（2）城镇等级评价

城镇等级规模结构变化体现了不同时期城镇间动态相互作用的结果。城镇等级评价主要包括城镇中心性、城镇影响范围分析等，主要应用于城镇发展阶段的判定、指导城镇规划、优化城镇布局等方面。

（3）城镇中心性

德国著名地理学家沃尔特·克里斯泰勒在中心地理论中首先提出了中心性的概念，它是判断城镇等级的重要指标，反映了城镇在区域内的综合实力，对周边区域的辐射带动作用，以及为周边区域提供产品与服务的能力大小。通过中心性指数测算，可以确定城镇在区域城镇体系中的等级，目前，多采用多重指标综合度量的方法来研究区域内城镇的中心性强弱。如吕园在对陕西省城镇体系分析中应用城镇中心性分析城镇等级及变化规律剖析城镇体系演化过程，选取地区生产总值、非农业人口、社会消费品零售总额、地方一般预算收入等指标来分别反映经济中心性、人口中心性、商贸中心性和财政中心性，再进行加权叠加来判定城镇的中心性。

（4）城镇影响范围的划分

城镇影响范围的划分是确定城镇等级规模的基础。城镇间联系密切程度及相互作用强度是划分城镇空间影响范围的依据，常用的方法主要有城市断裂点模型和 Voronoi 图法。城市断裂点模型反映了一个城市对周边地区的辐射吸引力，被广泛用来确定城市经济区的划分和城市的空间影响范围。由于该模型仅给出了计算两个相邻城市之间断裂点的公式，因此，在实际划分城市辐射范围时，有平滑曲线连接相邻断裂点、过相邻断裂点作垂线等多种分割方法。这些方法在实际中得到了广泛应用，但也存在一些局限性，如仅考虑城市人口规模，而未考虑城镇间交通便捷度、经济发展水平等其他影响城市范围的因素；计算相邻城镇间断裂点位置后，用圆弧、直线还是其他线条来描述城镇影响范围更准确还有待进一步研究。Voronoi 图又称泰森多边形法，能够非常好地表达点与点之间的空间关系以及点的辐射范围等内容。在地理空间研究中，它常用于构建各地理要素间的空间关系。以泰森多边形法确定城镇影响范围是基于城镇发展综合实力来测度的，利用 GIS 工具构建不同级别区域的 Voronoi 图，区域内任意一点到该城镇的经济距离都小于到其他城镇的经济距离，该区域就是城镇的影响范围。

2. 城镇经济联系研究

对城镇之间经济联系的准确判断是制定城镇和区域发展战略的基本依据，目前应用 GIS 对城镇经济联系进行定量研究的方法主要包括引力模型、潜力模型和场强模型等。

（1）引力模型

借鉴物理学中万有引力定律，依据距离衰减原理，来研究经济体之间相互作用、相互联系的影响力。1880 年，引力模型首次引入经济学，被用来人口分析。后来用于研究城市、地区、国家之间的贸易、旅游、综合实力、零售等相互联系的影响力。现在，引力模型已成为研究经济体相互作用应用范围最广的模型。1920 年瑞典学者帕林利用引力模型研究了城市间交通流量；米尔斯改进了引力模型，在模型中引入经济变量。在区域经济学和新经济地理学研究领域，引力模型是研究城镇之间相互作用的核心工具，相互作用力的强弱反映城镇间联系的疏密程度。国内学者许学强、周一星等人在万有引力模型中引入距离摩擦系数并修改了传统的取值范围，使引力模型计算结果更精确。但这一经济联系的量化模型是建立于诸多假设之上，近年来国内学者对引力模型公式进行了修正，如复旦大学高汝熹教授提出的用“经济距离”来代替空间距离等。

（2）潜力模型

潜力模型（Potential Model）是分析当前每个城市对其他城市的集聚能力，分析未来潜在的城市集群中心及其空间布局。潜力模型是1960 年美国学者伊萨德在计算区域内每个城镇与其他所有城镇引力之和，提出了城市发展潜力模型。

（3）场强模型

场强模型分析城镇间的辐射作用强度，主要用于城市影响范围和城市势力圈的确定。区域城市作为区域空间结构的核心，具有集聚和扩散的功能，辐射着周围的区域。场强是借用物理学的概念，在区域均质的假设前提下，把城市的辐射范围称之为城市的力场，其影响力大小称之为场强。区域内各要素均匀分布是场强理论存在的前提条件，而现实情况下，城市辐射会因山水阻隔而快速减弱，也会因公路、铁路等交通干线的快速建设使某方向发展不断扩展。因此，城市对周边地区的辐射并不是简单地随距离延伸而逐渐递减，而是沿阻力最小的方向向外传播。所受阻力不同对距离某城市空间直线距离相同的点所接受的辐射也存在一定差异。基于此，不少学者利用成本加权距离代替直线距离，进一步改进了城市场强模型。如杨开忠、谭成文等人利用时间成本距离替代直线距离，计算了各中心城镇的场强大小，研究结果与实际情况更加吻合。

（五）GIS 在其他方面的研究综述

1. GIS 在交通基础设施研究的应用

交通、市政、通信等公共设施与经济发展关系密切，而 GIS 在公共设施布局研究中主要是利用网络分析方法。网络是由节点及它们之间的连线组成的，在区域发展、交通地理和城市规划等方面，网络分析是对交通网络、城市基础设施网络进行地理分析和模型化，主要包括定位—配置分析、路径分析、资源分配等。目前，GIS 在交通基础设施方面的应用主要包括交通通达性评价及交通优势度分析。

（1）交通通达性评价

交通通达性评价又称为交通可达性评价，一般通过以重力度量模型、路网连通度、最短距离量度模型等作为基础，构建针对交通通达性的综合评价指标体系。重力度量模型是借助物理学中的重力模型，既反映一个地方的通达性不仅取决于它在交通网络中的位置，也取决于该网络中的不同大小地理实体的分布方式，与研究区域内各个城市的人口、生产总值，以及每两个城市间的距离有关。路网连通度是反映交通网络中节点联通情况的重要指标，其定义了区域内各节点之间依靠路网相互连通的强度，与区域内公路总里程、区域面积、区域内连通节点数、公路网变形系数等有关。距离量度模型则是运用距离度量法引入空间距离模型、时间距离模型，由空间到时间，主要反映了路网通达性特征，与区域内各节点之间距离和平均行车速度有关。得到以上各个指标计算结果之后，通常使用 SPSS 或者 R 等统计分析工具，对各指标结果进行综合计算，并对最终结果进行分级评价后得到该区域内不同节点的交通通达性评价。

（2）交通优势度分析

交通优势度是评价某一区域交通优势的综合性指标，主要从区域交通网络规模、交通等级影响程度和交通通达性三方面来评价。主要单项指标包括路网密度、交通干线影响度、区位优势度。其中、路网密度为研究区域单位面积内具有的道路营运长度或者节点数量；交通干线影响度为交通设施影响力因子，与区域内有无大型交通设施以及道路距离有关；区位优势度则是通过测算区域内关键节点的空间辐射范围，构建相应的最短路径函数，使用 GIS 工具搜寻并比较，得到相应节点的腹地范围，并依据距离衰减规律进行权重赋值，最后得到各个区域的区位优势度。在完成上述指标的基础上，将交通干线影响度、交通网络密度和区位优势度进行标准化处理、赋权重加和，最终得到各个地区的交通优势度。

2. GIS 在国土空间适宜性评价的应用

土地适宜性评价是通过对土地的地形地貌、地质条件、土壤类型、水文气候条件、植被类型和社会人文等特征的综合评价确定其对某种用途的适宜度。目前，土地适宜性评价已广泛应用于农业、牧业、林业、城市扩展、土地整理与复垦、旅游等研究领域。

（1）城镇土地利用适宜性评价

随着新型城镇化的快速推进，城镇建设对土地规模的需求不断增加，对土地质量的要求也越来越高。与此同时，城镇内部也出现了用地结构失衡、功能布局不合理等诸多问题。因此，需要开展城市建设用地质量适宜性评价、城市改扩建评价、土地利用集约度评价、城市公共设施建设用地评价等方面的研究。明庆忠对山地城市建设用地质量做了适宜性评价。陈桂花等采用定性和定量相结合研究方法对城市建设用地质量进行了系统评价，为城市规划与管理提供了科学依据。刘贵利对城乡结合部建设用地适宜性进行了评价，以期寻求一种提高用地效益的途径。唐先明等通过划分不同等级对三峡库区拆迁用地进行评价，为三峡库区城市拆迁提供了一定的帮助。申金山等通过对社会经济、自然环境等因素分析，做了城市居住地适宜性评价，为城市居住地的合理布局起到科学指导作用。

（2）土地整理与复垦适宜性评价

近年来，随着保护耕地责任制的实施，保持耕地总量动态平衡成为各级政府的重大任务，土地整理与复垦适宜性评价研究也随之崛起。专家学者主要对农村居民点用地复垦、城市需要整理的土地、废弃的矿区土地资源重新利用、高速公路临时用地复垦整理等进行了研究，为进一步开展土地整理工作、废弃土地资源的复垦、优化城市土地资源配置提供了科学依据和技术支撑。

（3）旅游用地适宜性评价

崔凤军等综合考虑生态经济环境、文化环境和心理环境等因素提出了旅游环境承载力概念，为评价旅游资源提供了一种新的研究思路。时亚楼等在全面分析了自然资源、环境质量、环境响应等因素的基础上对旅游名胜区的旅游环境进行了适宜性评价。钟林生等将景观生态学理论引入生态旅游适宜度评价研究中，根据不同景观因子对生态旅游的重要性，制定了一套评价生态旅游适宜度的方法，并提出在保持生态健康的前提下发展旅游业的思路。

（4）农用地适宜性评价

随着社会经济的快速发展，新型城镇化和新型工业化的持续推进，耕地的供需矛盾更加突出，生态环境问题也日益严峻。我国的专家学者在生态脆弱的黄土高原区、紫色土丘陵区、喀斯特地区、黄土丘陵沟壑区等区域开展了一系列的土地适宜性评价。这些评价为生态敏感区防止土地退化，保护生态健康，合理土地利用，解决人地关系矛盾提供了科学的理论指导。

（5）林牧业用地适宜性评价

郭晋平等在黄土丘陵沟壑区开展了林业用地适宜性评价，并进行了宜林地的立地分类。卫三平等研究分析了晋西地区刺槐林的立地条件和生长的适宜条件，提出了治理该地区水土流失的解决方案。孟林通过建立草地资源生产适宜性评价系统，为草地资源的利用和管理提供了科学的技术支撑和指导。

3. GIS 在生态环境承载力中的应用

生态环境状况是评价区域是否可持续发展的重要指标。GIS 技术凭借强大的空间分析功能为生态环境评价研究提供了技术支持。GIS 空间分析技术在生态环境研究应用领域十分广泛，主要包括生态环境敏感性评价、生态补偿、环境监测、环境影响评价、水资源管理、面源污染分析等方面。

（1）GIS 在生态环境敏感性研究中的应用

生态环境敏感性是指生态系统对人类活动干扰和自然环境变化的反映程度，说明发生区域生态环境问题的难易程度和可能性大小。即在相同的人类活动干扰或外力作用下，区域生态系统发生水土流失、沙漠化、盐渍化和酸雨等生态环境问题的概率。生态环境敏感性评价实质就是评价具体的生态过程在自然状况下潜在的产生生态环境问题的可能性大小。在此之上，具体可以对城市生态敏感性或者自然生态敏感性进行评价，从而提出相应的开发、保护对策，为城市产业合理布局，区域生态环境保护提供科学依据，同时也可以为城市各类功能区划分和定位提供参考。基于 GIS 研究的主要方法是通过选择评价因子，一般包括土壤侵蚀敏感性因子、土地沙漠化敏感性因子、土壤盐渍化敏感性因子、酸雨敏感性因子等进行综合评价。

（2）GIS 在生态补偿研究中的应用

生态补偿，国际上通用的概念是 PES，即“生态服务付费”或者“生态效益付费”，国内对于生态补偿的概念还没有形成统一的认识。一般认为生态补偿有广狭之分：狭义的生态补偿是指由人类的社会经济活动给生态系统和自然资源造成的破坏及对环境造成的污染的补偿、恢复、综合治理等一系列活动的总称；广义的生态补偿在狭义的基础上还应包括对因环境保护丧失发展机会的区域内的居民进行的资金、技术、实物上的补偿和政策上的优惠，以及增进环境保护意识、提高环境保护水平而进行的科研、教育费用的支出。科学制定区域生态补偿的空间分配标准又是生态补偿研究中的关键环节，当前对区域空间补偿标准的计算思路大致可分为两种：生态建设成本核算法和生态系统服务功能价值核算法。生态建设成本核算法主要通过衡量经济发展代价——环境污染与生态破坏来制定生态补偿的标准，通常有直接市场法、替代市场法、假象市场法以及成果参照法等。生态系统服务功能价值核算法则是通过计算各种生态系统为人类所提供的食物、医药及其他工农业产品的原料以及支撑地球生命系统、生化循环与水文循环的价值来进行生态补偿的方法，具体包括能值分析法、物质量评价法和价值量评价法。

第二章
Chapter 2

重庆城镇和产业布局现状

重庆是我国面积最大的直辖市，全市土地面积达 8.24 万平方千米，总人口 3375.2 万人，地处“一带一路”及长江经济带“Y”字形大通道的联结点上，具有承接东西、连通南北的独特区位优势，同时也是丝绸之路经济带重要战略支撑、长江经济带的西部中心枢纽、海上丝绸之路的产业腹地。直辖以来，在西部大开发、“一带一路”、长江经济带等国家战略的推动下，重庆依托较好的区位优势、资源环境和发展基础，实现了国民经济又好又快的发展，城镇和产业布局也呈现一些新的特征。在此背景下，我们应用 ArcGIS 强大的空间分析能力，对重庆各区县的城镇和产业布局现状进行了综合评价。

一、城镇化发展格局现状分析

城镇是人口分布相对集中的区域，是经济活动的主要载体。截至 2014 年，全市大约有 59.6%的人口居住在城镇，城镇化发展格局也在不断优化调整，我们运用建成区识别模型、城市首位度模型来分析全市区县的城镇规模等级及其地位，运用城镇引力和潜力模型来分析城镇空间相互作用和综合发展潜力，运用场强模型来分析城镇综合实力和腹地范围，得出以下结论：

（一）城镇建成区持续快速扩张，城市首位度较为突出

基于 Landsat TM 遥感影像解译的重庆市土地利用数据，应用 ARCGIS 软件提取各区县建成区数据可以看出：2013 年四大片区①建成区主要集中在主城片区及渝西片区，占比分别到达 46.2%、33.2%。主城片区建成区面积从 2005 年的 267 平方公里扩展到 2013 年的 584 平方公里，年均扩展速度为 10.3%。2005—2013 年，主城片区用地空间扩展主要以“辐射式”“跳跃式”两种形式为主，南北向主要表现为“辐射式”扩展，而且发展呈现明显的北向扩展性，新建成区主要集中在北部新区至空港新城区域及南部的九龙工业园区、建桥工业园区及花溪工业园区。东西向由于铜锣山、中梁山阻隔主要表现为“跳跃式”扩展，新建成区主要集中在鱼复片区、茶园片区及西永片区。渝西片区建成区面积从 2005 年的 105 平方公里扩展到 2013 年的 420 平方公里，年均扩展速度为 18.9%。2005—2013 年，渝西片区用地空间扩展主要以各区县城为中心向外“辐射式”扩展为主（见表 2-1）。

---

① 重庆四大片区包括主城片区、渝西片区、渝东北片区和渝东南片区。主城片区包括：渝中区、大渡口区、江北区、沙坪坝区、九龙坡区、南岸区、北碚区、渝北区、巴南区、两江新区。渝西片区主要包括：涪陵区、长寿区、江津区、合川区、永川区、南川区、綦江区、大足区、璧山县、铜梁县、潼南县、荣昌县以及万盛经开区。渝东北片区包括：万州区、开州区、梁平县、城口县、丰都县、垫江县、忠县、云阳县、奉节县、巫山县、巫溪县。渝东南片区包括：黔江区、武隆区、石柱县、秀山县、酉阳县、彭水县。

表 2-1　重庆四大片区建成区年均扩展幅度、速度

四大片区	1995—2005 年		2005—2013 年	
	扩展幅度（平方公里）	年均扩展速度（%）	扩展幅度（平方公里）	年均扩展速度（%）
主城片区	97	4.62	317	10.28
渝西片区	42	5.24	315	18.92
渝东北片区	48	8.67	95	9.83
渝东南片区	10	6.25	59	17.69

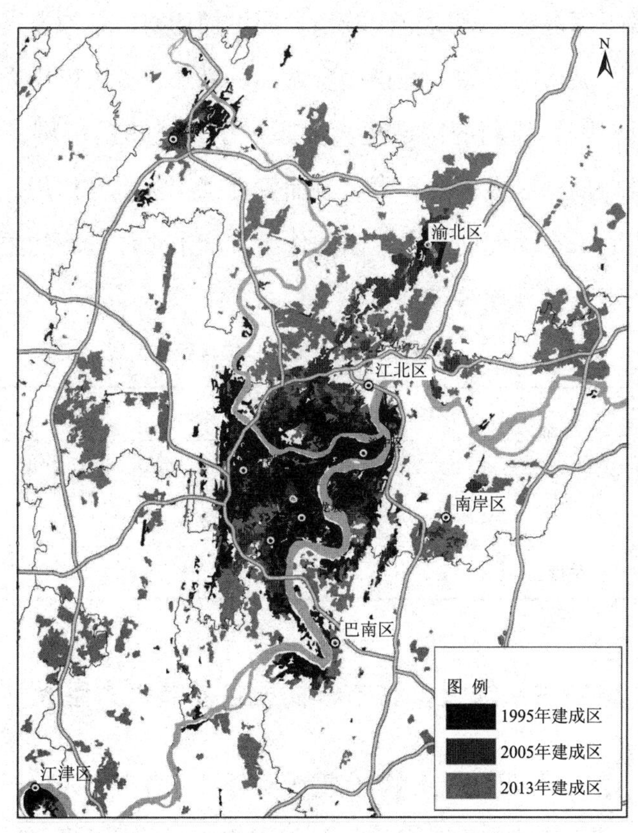

图 2-1　1995 年、2005 年、2013 年主城片区建成区提取结果

城市首位度较为突出。主城片区作为重庆城市的主体核心部分，从经济角度看是该区域的首位城市，在聚集人口、产业及对周围区域辐射

和带动方面起主导作用。以人口规模为依据，运用城市首位度理论对重庆市城市体系的规模等级体系结构进行分析研究，2014 年重庆首位城市非农人口为 488.85 万人（主城片区），第二位城市非农人口为 78.8 万人（万州区）。计算结果表明，重庆城市首位度为 6.2（见表 2-2），远大于 4.0 的比值，属于高度首位分布，表明重庆城市结构过度集中，次一级城市规模显得偏小，发展受到压制，城市规模等级分布体系的不平衡程度较高，属于“极核型”城镇体系。同时，直辖以来重庆城市首位度呈现下降趋势，表明重庆城镇发展更加均衡，结构比直辖初期得到一定优化，城镇间发展差距正逐步缩小。另外，重庆市作为国家级中心城市，其影响和控制的区域也大大超过了重庆市的范围，在聚集人口、产业及对周围区域辐射和带动方面发挥了积极主导作用，充分体现了国家级中心城市的发展需求，因此作为重庆市主体核心的主城片区必然需要处于更高的规模等级。

表 2-2　直辖以来重庆城市首位度变化情况

年份	1997	2001	2006	2011	2014
主城片区非农人口（万人）	279.48	306.82	368.46	451.29	488.85
万州区非农人口（万人）	32.99	40.61	48.64	77.11	78.8
重庆城市首位度	8.5	7.6	7.6	5.9	6.2

（二）城镇联系加大，城市群初显且发展潜力巨大

以重庆主城片区为中心，结合重庆实际，综合考虑人口规模、经济社会发展水平、基础设施、交通距离等因素，引入通勤距离修正权数、经济落差修正权数以及最短时间通勤距离对传统的城市引力模型进行改进，应用 ArcGIS 强大空间分析能力对重庆各区县之间的引力和潜力进行测算，我们得出以下结论：

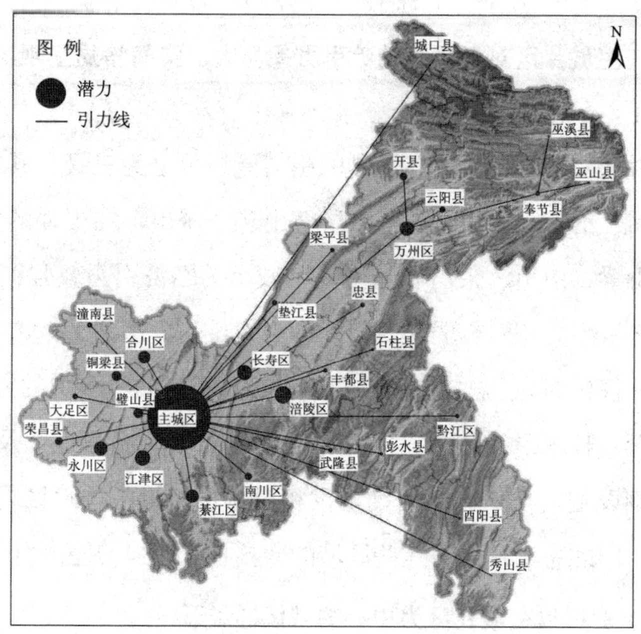

图 2-2　重庆市各城镇潜力及所受最大引力连线图

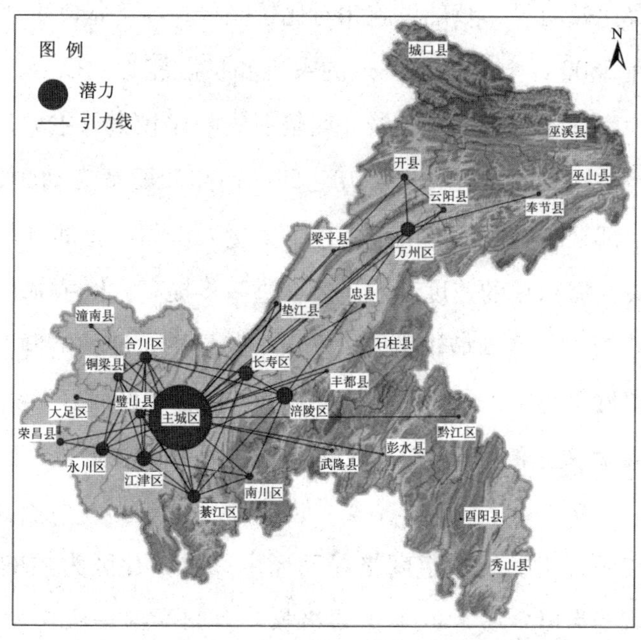

图 2-3　重庆市域内大于平均值的城镇间引力

1. 重庆主城片区对各区县的吸引力差异大，空间格局呈现渝西强、两翼弱的特征

主城片区对市域范围内各区县的引力能级可分为三级，其中对綦江、江津、永川、涪陵、合川、长寿以及璧山 7 个城市存在很强的经济引力；对万州、铜梁、南川、荣昌和潼南 5 个城市的经济引力较强；对其余 17 个城市的经济引力相对较弱。对綦江的引力最强，达到 13400，对城口的引力最弱，仅仅为 8。总体来看，主城片区城市空间吸引力的方向主要向大渝西地区、长江沿线拓展，究其原因，主要是大渝西地区及长江沿线的城市基础设施尤其是交通基础建设相对完善，与主城片区之间的联系更为便捷，因此主城片区对这些区域的区县具有较强的经济引力。

2. 初步形成以主城片区为中心的城镇群雏形

重庆主城片区周边的涪陵、永川、江津、合川、长寿、綦江 6 个城市区位优势比较明显，基础设施相对比较完善，经济基础都比较好，其潜力值都在 2500 以上，具有一定的聚集和扩散能力。而且，这 6 个城市离主城片区都比较近，受主城片区辐射影响比较大。主城片区与这 6 个城市的经济联系非常紧密，相互之间的商品和要素流动频繁。同时，这 6 个城市都处于渝西片区的范围内，大量人口和产业都将在这些地区进一步集聚，城镇化的速度和水平还会进一步提高，以主城片区为中心的“合川—铜梁—潼南城镇群”“永川—荣昌—大足城镇群”“綦江—万盛—南川城镇群”“涪陵—长寿城镇群”初现雏形。

3. 未来城镇经济发展潜力较大的区域主要集中在主城片区和万开云板块

重庆市城镇化发展的空间格局已经由以主城片区为主的单核心结构，逐渐演变为以主城片区为主要极核、万州为次一级中心的“一核一心”的空间结构。从大于平均值的城镇间引力及潜力图可以看出，重庆主城片区作为市域中心城市，潜力值（73695）高居榜首，集聚和扩散能力强，其经济影响力覆盖绝大多数区县。渝西片区中的涪陵、长寿、合川、永川、江津、綦江等城镇具有较高的潜力，对主城片区作用强度比较大，且相互之间联系也比较频繁，是未来工业化、城镇化的主战场。以主城片区为核心的“一小时经济圈”① 必将是未来城镇经济发展潜力最大的区域。

万州区是渝东北片区城镇化发展中的中心城市。近年来，随着经济与产业的发展、区域内交通设施的逐步完善，以及三峡库区移民政策推进的红利逐渐显现，万州区逐步成长为重庆市的次一级中心和增长极，呈现出比较显著的极化现象，其聚集和扩散能力逐渐显现和增强，作为区域内的次一级中心城市发挥了一定引领和带动作用，促进了周边区县经济的发展。

（三）城镇影响腹地扩大，主城片区势力圈范围居绝对优势

我们运用场强模型进行测度发现：

1. 城市腹地“圈层”结构特征显著，呈现出明显的区域差异

运用场强模型进行测度后发现：重庆场强影响区呈现主城片区成团、外围成区、渝东北渝东南片区呈点的空间特征。场强值较大的“中心”区域出现在主城区，其次是渝东北片区的万州，以及渝西片区的永川、长寿、涪陵、綦江与合川，城口的场强值最小。

同时，主城区的场强影响范围已与璧山、江津、合川、綦江相连接，万州、云阳的场强影响范围已初步相连，其余城市则表现为单极增长的态势。城市场强与城市综合实力分布格局基本一致，且城市综合实

① 包括主城片区和渝西片区。

力呈现明显的“圈层”结构特征，主城区影响腹地扩大。由主城区及万州、涪陵、永川等区域性中心城市向外围地区形成明显的梯次分布。其中，排名第一的重庆主城区综合得分（99.8861）为排名最低的城口县（0.98279）的 100 倍以上。万州区得分（16.14056）排名第二，仅次于主城区，其发展基础在渝东北片区中占绝对优势地位。同时，綦江区得分也相对较高（11.65812），表明其在渝西片区南部经济板块中发展基础相对较好（见图 2-4）。

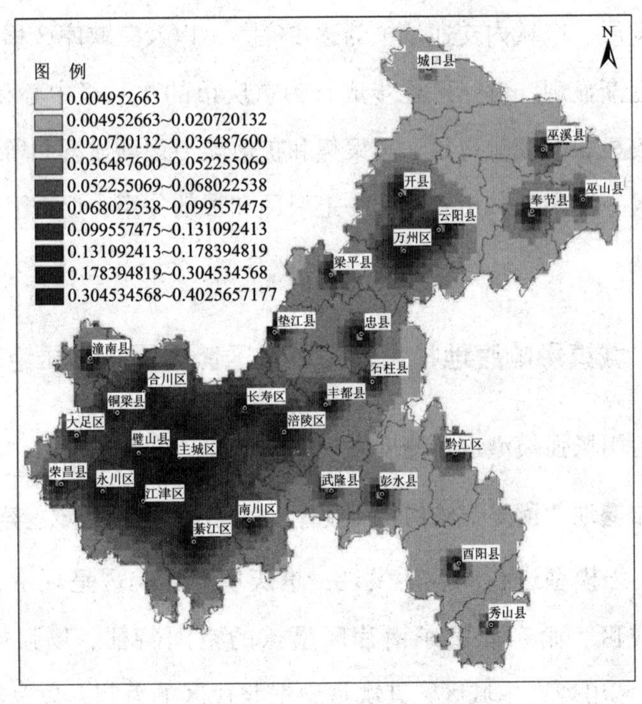

图 2-4　各级城市场强分布

2. 主城区势力圈范围占据绝对优势，其余城市中心地位尚不明显

如图 2-5 所示，重庆主城区势力圈几乎覆盖“一小时经济圈”中除各个区县中心城区之外的大部分区域，并且延伸到渝东北片区、渝东南片区的垫江、丰都、武隆、梁平、酉阳、石柱等县。特别是璧山、江津、合川等渝西片区，由于毗邻主城区，受到来自主城区的辐射影响较大，自身势力圈范围相对收缩。

渝东北片区的开县、云阳、城口、巫溪等由于离主城区距离较远，加之万州综合实力优势明显，受万州影响大于主城区，一定程度上显示出万州区作为区域性中心城市的辐射带动作用。

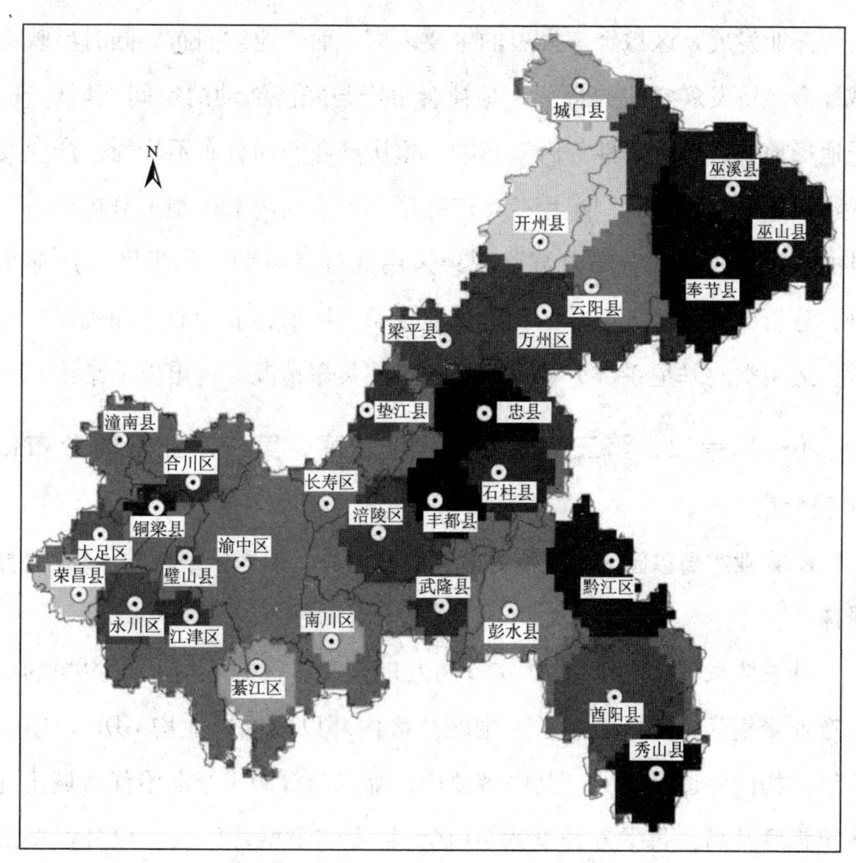

图 2-5　各级城市势力圈范围分布

渝东南片区则显示与渝东北片区不同的结果，黔江区作为区域性中心城市辐射效应表现较弱，其他各县除中心城区外受主城区的影响要大于来自黔江区的影响，表明黔江区作为渝东南片区城市发展支点的功能有待增强，未来应该大力推动城市发展以及人口集聚，进一步突出区域内中心城市的地位，以及发挥区域内中心城市的带动引领作用，有效提升区域内城市发展水平。

二、重点产业发展及布局现状分析

产业发展是区域经济发展的主要内容，而产业空间布局同时反映区域社会经济发展空间的特征，是社会生产与经济活动的空间地域体现。受地形地貌、历史条件等因素影响，重庆产业空间分布不均衡，产业发展水平差距明显。我们运用三次产业增加值空间离散模型来分析全市区县的三次产业空间分布差异状况；运用区位商模型来辨识区域产业集群，分析四大片区各区县的优势产业现状，厘清行业专业化和规模化程度；运用空间基尼系数分析主要行业空间集聚情况。得出以下结论：

（一）第二、第三产业集聚程度较高，第一产业空间分布相对较分散

1. 产业布局以园区和城镇为载体集聚分布，不同区域地均GDP差异悬殊

从总体来看，GDP主要分布在人口稠密、资源环境承载力强的城镇产业聚集区。分区域来看，主城片区内环以内区域地均GDP以组团圈层结构向外逐渐递减。其中解放碑、临江门等渝中半岛沿江区域土地产出强度最高，每平方公里达70亿元以上。主城片区内环以外区域沿长江、嘉陵江两岸呈带状分布，在北部新区、空港、大学城、茶园等新兴区域呈面状连片分布，每平方公里15亿~40亿元。渝西片区及渝东北、渝东南片区以区县城为中心向外逐渐降低，空间分布呈点状集聚发展，每平方公里3亿~15亿元；其中涪陵、万州部分区域每平方公里达到40亿元以上。

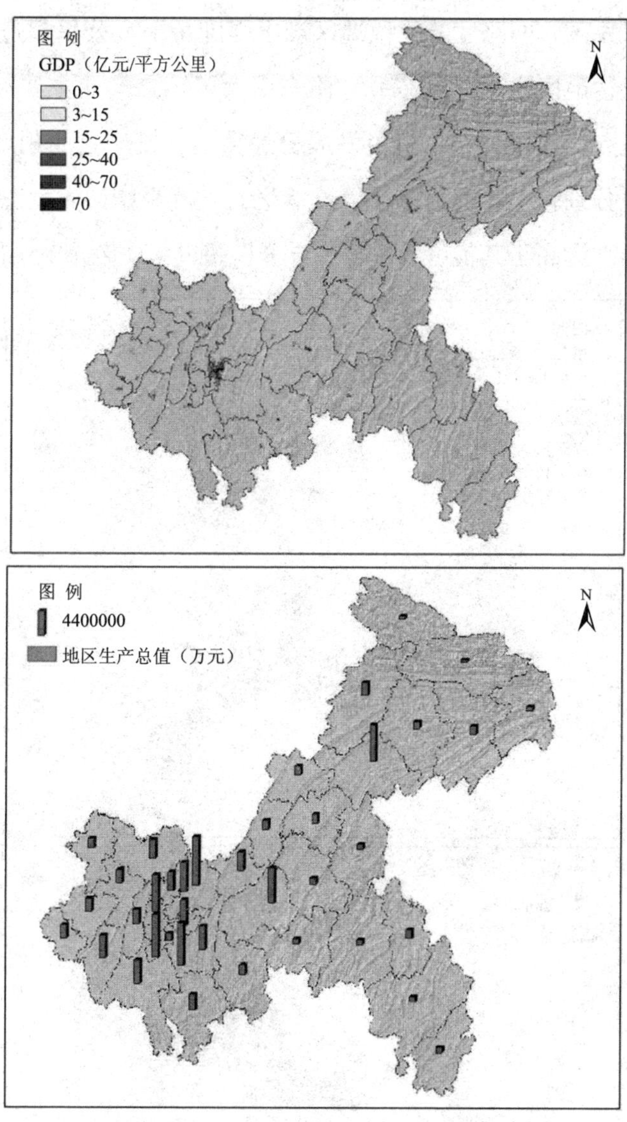

图 2–6　各区县 GDP 离散化栅格图及直方图

2. 第二产业主要集中分布在工业园区，集约化水平有效提高

2014 年，工业园区销售产值占全市的 77%，工业增加值占全市 GDP 的 30%以上，已成为全市经济发展的重要平台和主要支撑。其中，主城片区各工业园区产业聚集度高，土地产出强度每平方公里接近 100 亿元，

西永综合保税区、两路寸滩保税港区产出强度每平方公里超过 200 亿元，达到沿海发达地区水平。渝东北和渝东南片区第二产业主要以特色园区为载体，呈点状集聚分布，特色发展更加突出，投产企业用地产出强度每平方公里分别较上年提高 10 亿元、5 亿元。万州作为大生态区的龙头，土地产出强度远高于其他区县，每平方公里超过 100 亿元（见图 2-7）。

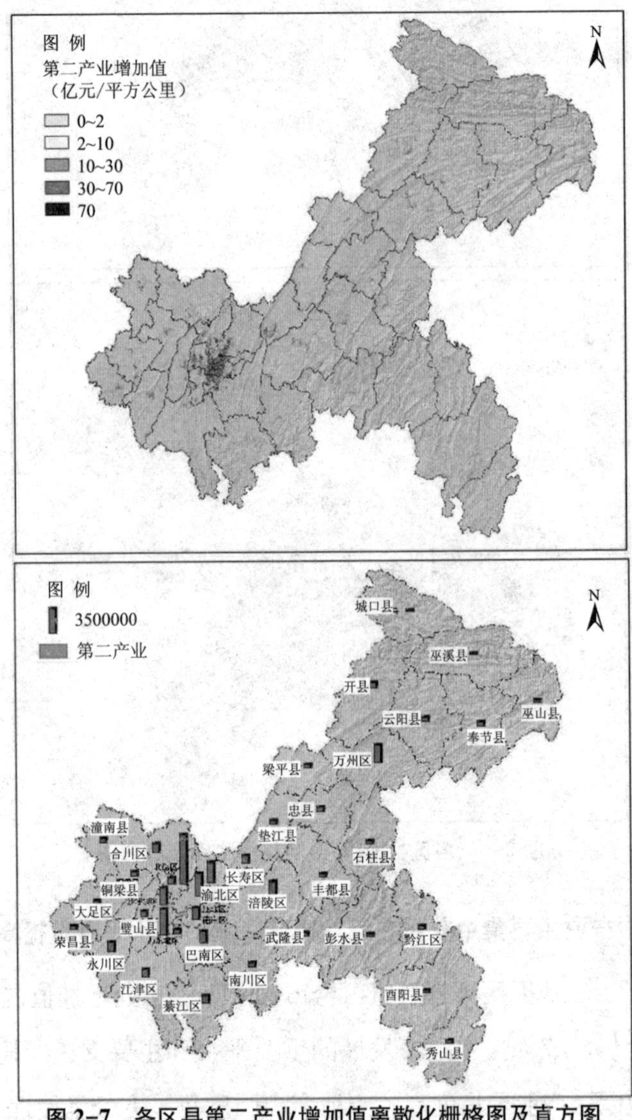

图 2-7　各区县第二产业增加值离散化栅格图及直方图

3. 第三产业主要聚集在商业和楼宇密集的区域

从四大片区来看，主城片区内环以内区域第三产业增加值占全市第三产业增加值的30%以上，是第三产业发展的主战场，平均每平方公里增加值为15亿~45亿元。

高值区主要集中分布在解放碑、观音桥、南坪、三峡广场、杨家坪等区域，平均每平方公里增加值在30亿元以上，成为全市第三产业发展最快的区域。

主城片区内环以外区域通过大力发展电子商务、现代物流、服务外包等生产性服务业，第三产业增加值实现快速增长，主要分布于西永、空港、南彭、照母山、寸滩、果园港等区域，平均每平方公里增加值为15亿~30亿元。

渝西片区第三产业分布相对比较分散，平均每平方公里增加值为3亿~15亿元。两大生态区除了万州区，其他区县第三产业发展比较缓慢，平均每平方公里增加值小于3亿元（见图2-8）。

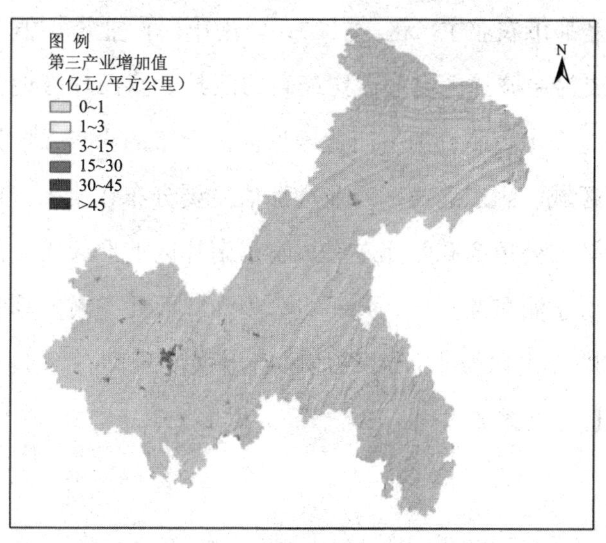

图2-8　各区县第三产业增加值离散化栅格图及直方图

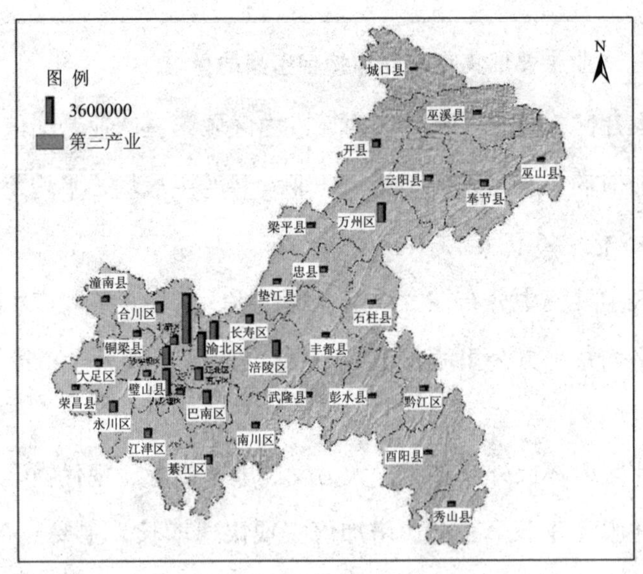

图2-8 各区县第三产业增加值离散化栅格图及直方图（续）

4. 第一产业空间分布比较分散，渝西地均产值高于大生态区

分区域来看，主城片区第一产业增加值主要分布在巴南区南部、渝北区和北碚区北部地区等区域，这三大区域第一产业增加值占主城区的78%以上，是都市农业主产区。其中，巴南第一产业增加值占主城区的40%以上，成为主城片区农业占比最高的区县。渝西片区地势平缓，土壤肥沃，土地产出较高，第一产业增加值占全市的48%，成为全市农业生产的主要区域。渝东北第一产业增加值主要分布在梁平、垫江及万州等区域，每平方公里300万元左右。渝东南片区地形起伏度比较大，土地产出强度低于渝东北片区，每平方公里200万元左右。其中素有“小成都”之称的秀山以及黔江河谷地区产出强度最高，每平方公里产出250万元以上（见图2-9）。

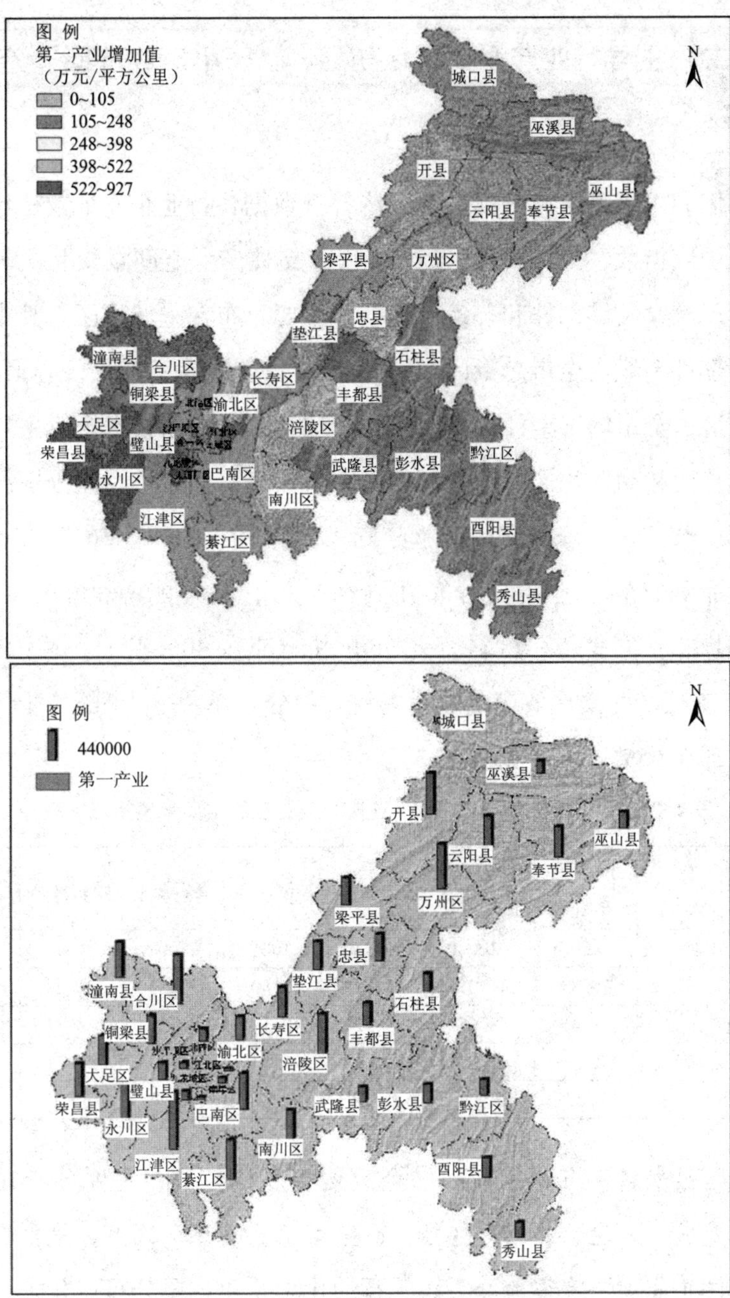

图 2-9 各区县第一产业增加值离散化栅格图及直方图

（二）主导行业产业集聚区初显，“一小时经济圈”产业集群较多

我们利用国家统计局第三次经济普查数据各行业企业个数构建产业地理集中度指数，分析了重庆市“6+1”支柱产业空间集聚状况。分片区来看，汽摩及零部件和装备制造企业主要分布在主城片区。其中，汽摩及零部件企业占全市总量的70%以上，是全市汽车工业核心聚集区；装备制造占全市的半壁江山。天然气石油化工和高新技术企业主要分布在主城片区和渝西片区，两大聚集区的天然气石油化工企业分别占全市的41%、38.7%；高新技术企业分别占全市的37.8%、36.3%。能源、轻纺食品和材料企业主要分布在渝西片区，其中能源全市占比高达67%以上；轻纺食品和材料企业全市占比都在40%以上。总体来看，“6+1”支柱产业集聚效应凸显，主要集中分布在“一小时经济圈”，全市占比都在65%以上（见表2-3）。

表2-3　2013年各片区“6+1”支柱产业企业的空间集聚情况（%）

地区	汽摩及零部件	天然气石油化工	装备制造	材料	高新技术	轻纺食品	能源
全市	100	100	100	100	100	100	100
主城片区	70.38	41.01	55.57	23.80	37.83	23.08	11.2
渝西片区	28.46	38.65	33.31	42.14	36.31	44.07	67.3
渝东北片区	0.89	17.02	9.50	25.54	21.50	27.72	16.7
渝东南片区	0.27	3.32	1.62	8.52	4.36	5.12	4.8

分区县来看，汽摩及零部件企业聚集度比较高，主要分布在沙坪坝、九龙坡、大足、北碚等区县，占全市总量的60%以上，是全市汽摩及零部件企业主要聚集地。天然气石油化工企业主要分布在九龙坡、沙坪坝、璧山、南岸、北碚等区域，分别占全市的10.1%、8.6%、7.7%、5.7%、5.0%。装备制造业分布相对集中，主要分布在九龙坡、

北碚、沙坪坝等区域，占全市总量三成以上。材料企业聚集度相对较低，占比位于全市前三的大足、九龙坡、垫江分别为 9.1%、6.3%、5.1%。高新技术企业在九龙坡、璧山、渝北、南岸、沙坪坝等区域聚集度比较高，全市占比高达 37%。轻纺食品企业分布较为分散，潼南、沙坪坝、璧山、垫江、铜梁等区县占比较高，分别为 10.9%、6.4%、5.4%、5.3%、5.1%。能源企业主要分布在潼南、璧山、铜梁、合川等区域。其中，潼南在全市占比最高，达 18%以上（见表 2-4）。

表 2-4　2013 年各区县“6+1”支柱产业企业的空间集聚情况（%）

地区	汽摩及零部件	天然气石油化工	装备制造	材料	高新技术	轻纺食品	能源
全市	100	100	100	100	100	100	100
巴南区	5.86	4.12	6.33	3.82	2.33	3.48	5.86
北碚区	10.68	5.01	10.81	2.74	4.36	1.87	0.49
璧山县	5.55	7.63	5.13	2.74	8.92	5.41	9.11
城口县	0.00	0.10	0.07	0.38	0.00	0.33	0.56
大渡口区	4.99	1.81	2.71	1.31	1.32	0.77	0.04
大足区	11.56	3.54	6.84	9.13	1.12	1.96	0.90
垫江县	0.12	3.65	1.62	5.11	6.69	5.28	0.60
丰都县	0.04	1.02	0.41	1.17	0.61	1.27	0.93
奉节县	0.00	0.51	0.40	1.56	1.42	1.24	1.37
涪陵区	0.93	3.61	2.14	2.37	2.23	2.56	1.10
合川区	0.91	3.10	1.98	3.58	3.65	4.10	6.91
江北区	1.78	2.04	2.43	0.92	1.72	0.88	0.10
江津区	2.36	4.40	4.55	3.77	1.93	3.39	5.70
九龙坡区	15.59	10.09	12.43	6.32	8.92	4.42	0.29
开县	0.02	2.18	1.40	4.82	1.22	4.74	1.44
梁平县	0.09	2.66	0.87	2.32	1.42	3.39	5.70
南岸区	3.24	5.66	4.15	2.12	6.49	2.52	0.14
南川区	0.28	1.43	1.05	2.17	0.81	1.90	3.20

续表

地区	汽摩及零部件	天然气石油化工	装备制造	材料	高新技术	轻纺食品	能源
彭水县	0.00	0.37	0.18	1.64	0.41	0.72	0.58
綦江区	1.88	1.57	1.66	2.65	0.91	1.69	1.55
黔江区	0.02	0.31	0.25	1.00	0.20	0.63	1.05
荣昌县	0.41	2.35	1.92	2.47	3.65	3.04	5.11
沙坪坝区	18.34	8.59	10.38	4.77	5.98	6.37	0.15
石柱县	0.05	0.78	0.40	1.39	1.01	0.99	0.89
铜梁县	1.34	2.76	2.74	3.07	4.77	5.09	8.56
潼南县	0.09	1.12	1.22	4.36	2.74	10.93	18.40
万州区	0.42	4.23	2.89	4.32	5.48	4.57	1.47
巫山县	0.00	0.20	0.14	0.42	0.10	0.78	0.70
巫溪县	0.00	0.20	0.18	0.65	0.41	0.69	1.53
武隆县	0.18	0.24	0.21	0.85	0.81	0.64	1.26
秀山县	0.00	0.61	0.14	1.35	1.52	0.88	0.31
永川区	0.57	3.20	2.97	3.93	3.55	2.17	3.65
酉阳县	0.00	0.99	0.44	2.29	0.41	1.27	0.69
渝北区	3.89	3.44	6.00	1.65	6.59	2.45	4.13
渝中区	0.16	0.14	0.33	0.14	0.10	0.32	0.03
云阳县	0.06	1.16	0.91	2.89	2.74	3.09	1.17
长寿区	0.22	3.82	1.12	1.91	2.03	1.83	3.08
忠县	0.07	1.06	0.61	1.90	1.42	2.34	1.23

分具体行业看，城市轨道交通设备制造业最为集中，基尼系数高达0.98，主要分布在江北区。烟草制品业、自行车制造业较为集中，基尼系数分别为0.46、0.41，主要分布在南岸、开县等区县。航空、航天器及设备制造业，船舶及相关装置制造业，石油和天然气开采业相对集中，基尼系数分别为0.35、0.35、0.3，主要分布在渝北、涪陵、垫江等区县。其他行业分布相对分散，基尼系数小于0.2（见表2-5、

图 2-10 至图 2-15）。

表 2-5　部分主要行业空间基尼系数

行业名称	空间基尼系数（G）
城市轨道交通设备制造业	0.98
烟草制品业	0.46
自行车制造业	0.41
航空、航天器及设备制造业	0.35
船舶及相关装置制造业	0.35
石油和天然气开采业	0.30
文化、办公用机械制造业	0.19
仪器仪表制造业	0.17
化学纤维制造业	0.17
皮革、毛皮、羽毛及其制品和制鞋业	0.15
铁路运输设备制造业	0.13
计算机、通信和其他电子设备制造业	0.11
黑色金属冶炼和压延加工业	0.11
有色金属冶炼和压延加工业	0.11
燃气生产和供应业	0.11
石油加工及炼焦业	0.10
煤炭开采和洗选业	0.08
电力、热力生产和供应业	0.06
文教、工美、体育和娱乐用品制造业	0.05
纺织业	0.05
摩托车制造业	0.05
木材加工和木、竹、藤、棕、草制品业	0.05
汽车制造业	0.05
橡胶制品业	0.04
纺织服装、服饰业	0.04
化学原料和化学制品制造业	0.03
医药制造业	0.03
塑料制品业	0.03
农副食品加工业	0.03

续表

行业名称	空间基尼系数（G）
造纸和纸制品业	0.03
饮料制造业	0.03
金属制品业	0.02
通用设备制造业	0.02
家具制造业	0.02
食品制造业	0.02
专用设备制造业	0.02
印刷和记录媒介复制业	0.02
电气机械和器材制造业	0.02
非金属矿物制品业	0.02

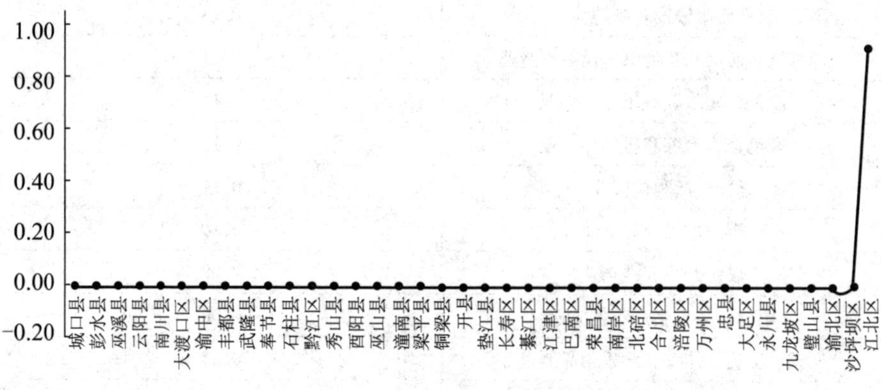

图 2-10　城市轨道交通设备制造业空间基尼系数

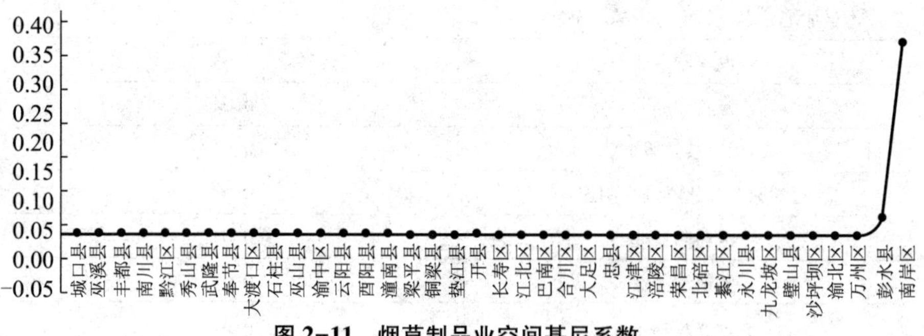

图 2-11　烟草制品业空间基尼系数

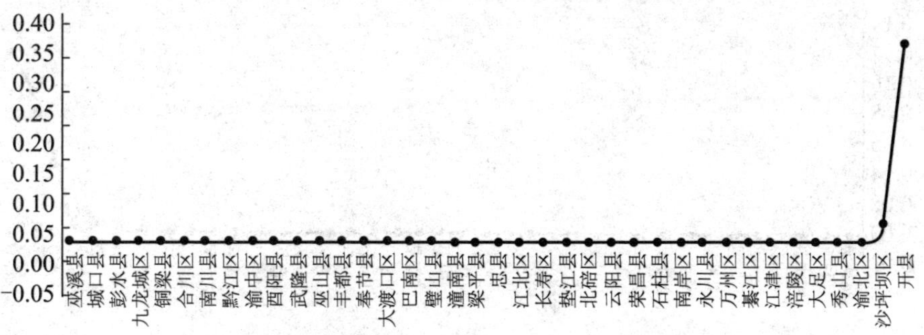

图 2-12　自行车制造业空间基尼系数

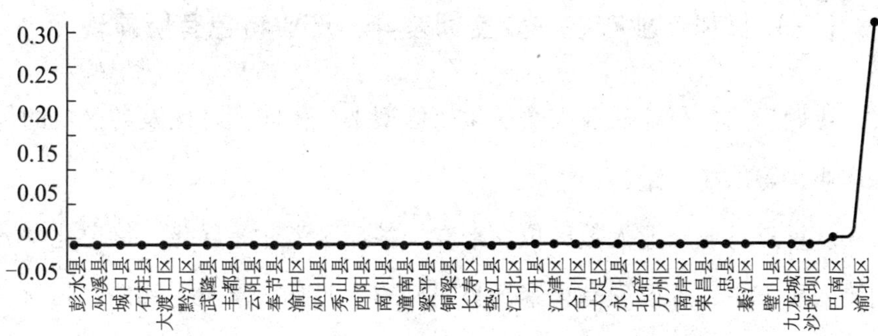

图 2-13　航空、航天器及设备制造业空间基尼系数

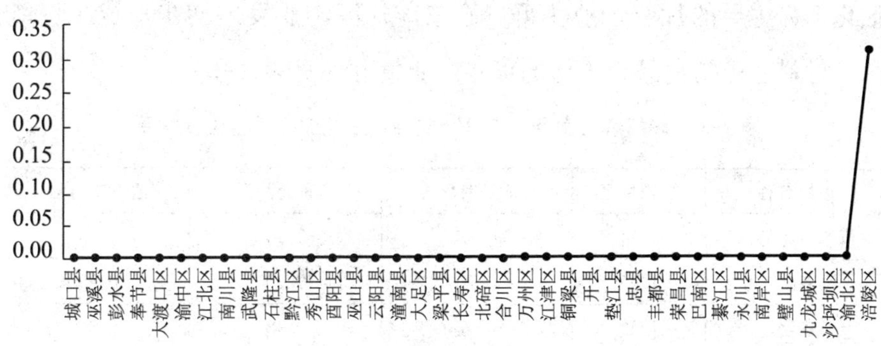

图 2-14　船舶及相关装置制造业空间基尼系数

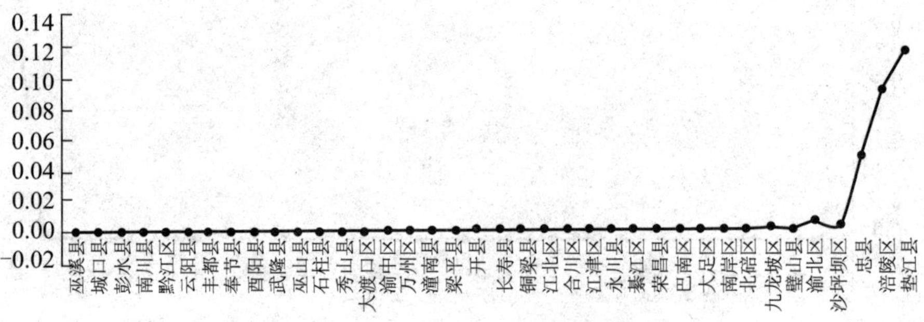

图 2-15　石油和天然气开采业空间基尼系数

（三）优势产业存在一定空间差异，产业特色有所显现

我们运用各行业从业人数区位商模型来分析四大片区及各区县的优势产业，得出如下结论：

从重点行业从业人数区位商来看，各片区产业差异化、特色化发展趋势明显。主城片区现有集聚优势明显的产业有汽摩及零部件、高新技术、装备制造；渝西片区形成了天然气石油化工、能源、材料三大优势产业集群；渝东北片区逐步形成了以轻纺食品、能源、材料、天然气石油化工为主导的优势产业集群；渝东南片区产业发展初步形成了以能源、材料、轻纺食品为主导的优势产业集群（见表 2-6）。

表 2-6　2013 年各片区“6+1”支柱产业从业人数区位商水平

指标名称	主城片区	渝西片区	渝东北片区	渝东南片区
汽摩及零部件	1.74	0.73	0.14	0.05
高新技术	1.46	0.70	0.80	0.43
装备制造	1.30	0.97	0.48	0.36
轻纺食品	0.66	0.99	1.71	1.65
天然气石油化工	0.63	1.29	1.10	0.98
材料	0.49	1.26	1.36	1.80
能源	0.35	1.27	1.65	1.93

表 2-7 各区县“6+1”支柱产业从业人数区位商水平

地区	汽摩及零部件	装备制造	轻纺食品	能源	材料	天然气石油化工	高新技术
江北区	2.58	1.19	0.40	0.66	0.27	0.86	0.13
大渡口区	2.33	1.32	0.76	0.00	0.55	0.68	0.15
渝北区	2.07	1.38	0.65	0.16	0.24	0.30	1.49
巴南区	2.02	1.32	0.81	0.06	0.83	0.57	0.31
九龙坡区	1.88	1.49	0.53	0.26	0.82	0.88	0.47
北碚区	1.65	2.02	0.37	1.07	0.30	0.50	0.57
大足区	1.55	1.06	0.47	0.82	1.67	0.94	0.04
璧山县	1.28	0.93	1.15	0.06	0.67	1.42	1.48
江津区	1.27	1.61	0.67	0.33	1.06	1.13	0.64
沙坪坝区	1.27	0.80	0.68	0.00	0.36	0.49	4.16
南岸区	0.90	1.30	1.20	0.01	0.83	1.44	1.34
綦江区	0.67	0.34	0.53	4.54	0.91	0.68	0.14
合川区	0.65	0.70	1.27	0.89	1.79	0.66	0.86
铜梁县	0.56	1.24	1.59	0.42	1.15	0.92	0.75
武隆县	0.44	0.35	1.06	3.25	1.37	0.34	0.53
涪陵区	0.34	1.13	1.41	0.96	0.54	2.27	1.07
云阳县	0.33	0.51	2.02	1.26	1.32	0.76	0.45
永川区	0.31	1.17	0.62	2.70	1.20	1.02	0.72
长寿区	0.30	0.61	0.47	0.65	2.49	3.39	0.52
荣昌县	0.22	1.12	1.00	2.08	1.43	0.91	0.59
万州区	0.22	0.96	1.74	0.75	0.68	1.49	1.58
垫江县	0.19	0.37	1.74	0.54	1.73	1.27	1.45
石柱县	0.17	0.22	1.50	3.00	1.07	1.08	0.53
忠县	0.15	0.43	1.90	1.24	1.80	0.69	0.60
南川区	0.12	0.59	1.03	2.25	1.92	1.69	0.09

续表

地区	汽摩及零部件	装备制造	轻纺食品	能源	材料	天然气石油化工	高新技术
渝中区	0.09	0.20	0.31	7.46	0.13	0.54	0.01
黔江区	0.08	0.80	1.78	1.71	1.26	1.07	0.33
潼南县	0.06	0.39	2.62	0.27	1.47	1.13	0.58
梁平县	0.05	0.43	1.90	0.93	1.11	2.88	0.47
开县	0.01	0.28	2.13	1.42	2.06	0.44	0.23
丰都县	0.01	0.73	1.87	1.19	1.59	1.55	0.13
酉阳县	0.00	0.26	2.18	1.03	1.98	1.07	0.26
秀山县	0.00	0.11	1.26	0.76	3.44	0.65	0.94
巫溪县	0.00	0.07	0.87	6.02	0.50	0.78	0.14
巫山县	0.00	0.46	0.95	5.87	0.50	0.09	0.02
彭水县	0.00	0.05	1.44	4.22	1.27	0.32	0.23
奉节县	0.00	0.12	0.84	5.52	1.07	0.18	0.30
城口县	0.00	0.03	0.39	3.22	3.64	0.34	0.00

分区县来看，汽摩及零部件产业在江北、大渡口、渝北、巴南等区县具有明显的集聚特征，从业人数区位商都大于2。沙坪坝以笔电为主导的高新技术产业具有明显优势，从业人数区位商高达4.16；渝北、南岸、璧山、涪陵、万州、垫江等区县高新技术产业相对集中，从业人数区位商介于1到2之间。装备制造业从业人数区位商大于1的区县主要分布在主城片区和渝西片区，其中北碚区位商独占鳌头，高达2.02。能源行业从业人数空间分布相对分散，主要集中在渝西片区的綦江、南川、永川、荣昌，渝东北的奉节、巫山、巫溪、城口，渝东南的武隆、彭水、石柱等区县。材料行业从业人数在城口、秀山、长寿、开县最为集中，从业人数区位商分别为3.64、3.44、2.49、2.06。轻纺食品行业主要集中分布在潼南、酉阳、开县、云阳，从业人数区位商分别为2.62、2.18、2.13、2.02。天然气石油化工行业从业人数主要分布在长

寿、梁平、涪陵，其中长寿最为集中，从业人数区位商高达 3.39（见表 2-7、图 2-16 至图 2-22）。

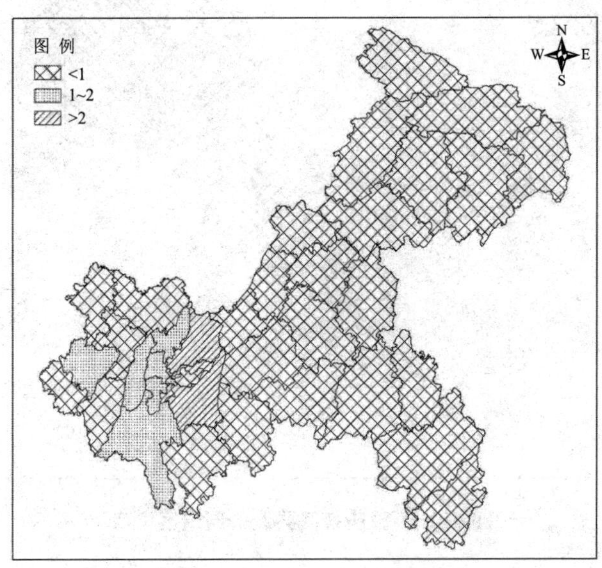

图 2-16　重庆各区县汽摩及零部件区位商

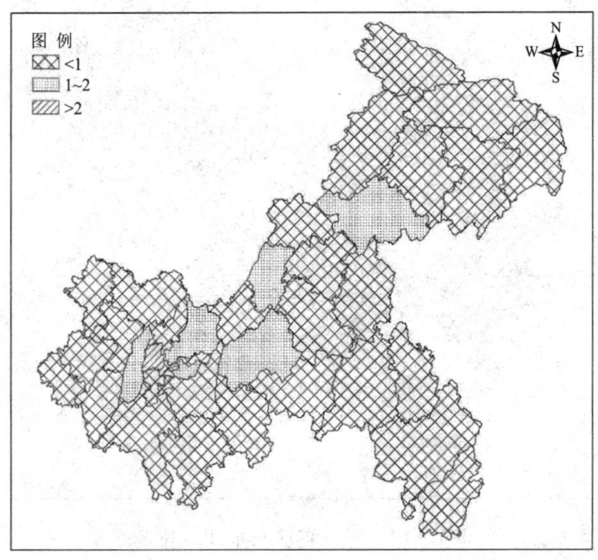

图 2-17　重庆各区县高新技术区位商

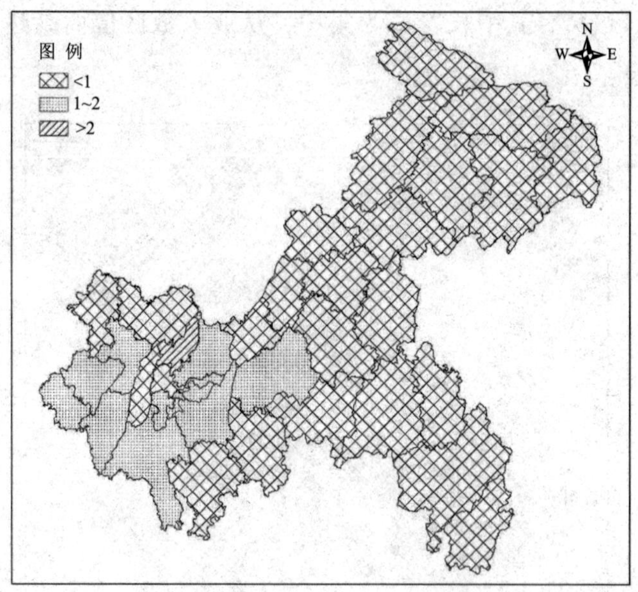

图 2-18 重庆各区县装备制造区位商

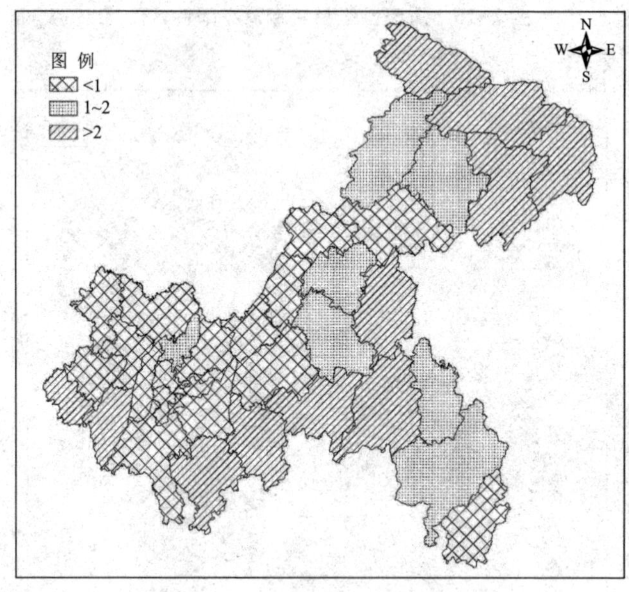

图 2-19 重庆各区县能源区位商

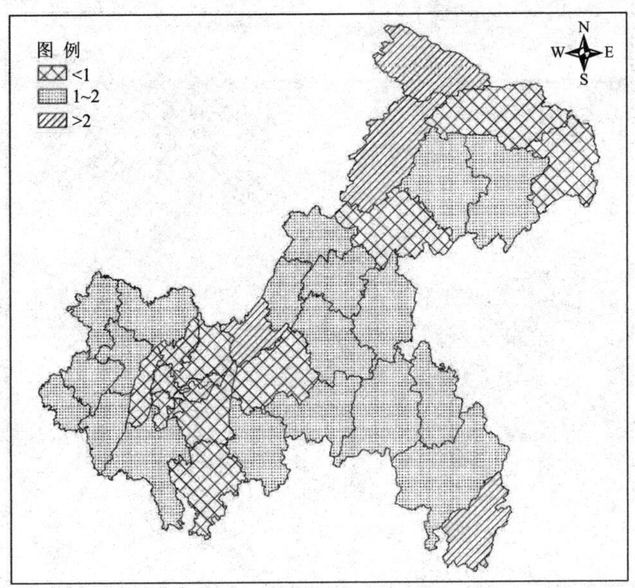

图 2-20　重庆各区县材料区位商

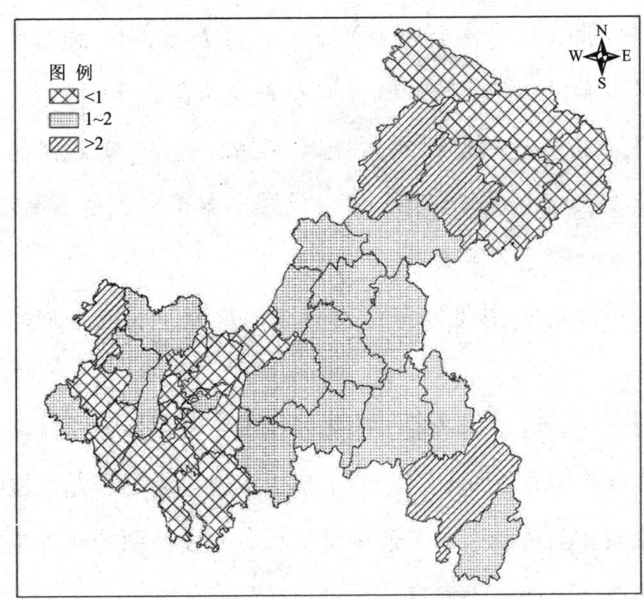

图 2-21　重庆各区县轻纺食品区位商

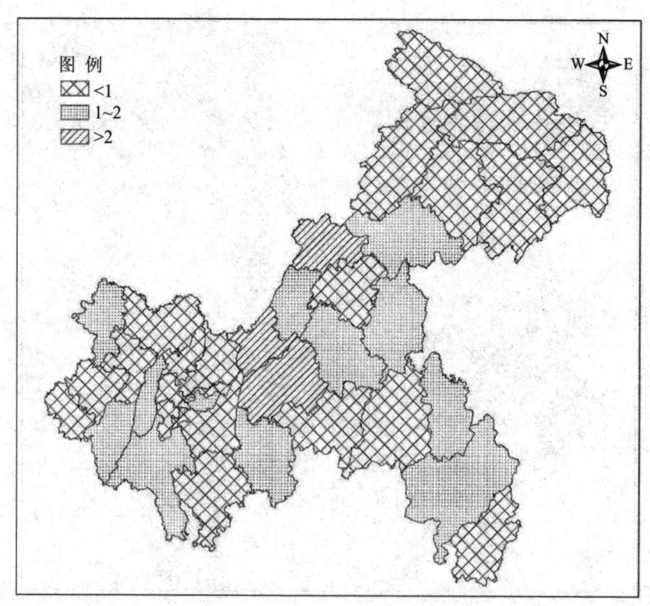

图 2-22 重庆各区县天然气石油化工区位商

分具体行业（部分主要行业）看，汽摩及零部件制造业主要集中在主城片区、大足、江津等区域（见表 2-8 和表 2-9）。

化学纤维制造业、化学原料和化学制品制造业、橡胶制品业、塑料制品业等化工产业主要分布在长寿、涪陵、梁平、大足、綦江、合川、九龙坡、大足、璧山等区县。

石油加工及炼焦主要分布在梁平、九龙坡、永川、大足、长寿等区县。

城市轨道交通设备制造业、船舶及相关装置制造业、铁路运输设备制造业等主要集中在江北、涪陵、丰都、南岸、大足、九龙坡等区县。

电气机械和器材制造业，通用设备、专用设备制造业等主要集中在江北、九龙坡、巴南、大渡口、大足等区县。

仪器仪表制造业主要分布在北碚、江北、九龙坡等区县。

非金属矿物制品业、黑色金属冶炼和压延加工业、金属制品业、有色金属冶炼和压延加工业等加工制造业分布在大渡口、长寿、城口、秀山、大足、九龙坡等区县。

航空、航天器及设备制造业，计算机、通信和其他电子设备制造业，医药制造业等高新技术产业主要分布在渝北、巴南、沙坪坝、璧山、长寿、垫江、涪陵等区县。

纺织服装、服饰业主要分布在巴南、南岸、南川、潼南、秀山、酉阳等区县。

家具制造业，木材加工和木、竹、藤、棕、草制品业主要集中在垫江、巴南、渝北、垫江、梁平等区县。

烟草制品业、饮料制造业、农副食品加工业等主要分布在涪陵、丰都、大渡口、彭水、南岸、秀山等区县。

造纸和纸制品业、印刷和记录媒介复制业等主要集中在九龙坡、黔江、巴南、梁平等区县。

电力、热力和燃气生产和供应业主要分布在江北、忠县、渝中、城口、武隆、巫溪等区县。

煤炭开采和洗选业、石油和天然气开采业主要分布在涪陵、忠县、垫江、綦江、巫山、奉节、永川等区县。

表 2-8　各区县主要行业从业人数区位商水平

行业	渝中区	大渡口区	沙坪坝区	北碚区	南岸区	江北区	九龙坡区	渝北区	巴南区
文教、工美、体育和娱乐用品制造业	0.05	1.32	0.30	0.62	0.75	0.53	0.62	0.12	0.64
有色金属冶炼和压延加工业	0.00	1.75	0.26	0.93	0.28	0.57	12.19	0.08	1.51
纺织服装、服饰业	0.52	0.31	0.09	0.13	3.74	0.95	0.30	1.77	4.43
电力、热力生产和供应业	14.72	0.00	0.00	0.12	0.04	0.00	0.84	0.03	0.32
黑色金属冶炼和压延加工业	0.00	3.26	0.35	0.33	0.07	0.29	0.67	0.05	1.00
纺织业	0.07	0.04	2.24	1.23	0.31	0.11	0.38	0.08	0.60
化学原料和化学制品制造业	0.00	1.80	0.28	0.95	1.55	2.07	1.09	0.49	0.88
非金属矿物制品业	0.00	8.92	0.23	2.15	0.88	1.18	0.95	0.38	1.38
家具制造业	0.04	0.97	0.59	0.58	0.56	0.10	1.92	2.08	2.23
饮料制造业	0.00	0.00	0.27	0.53	3.08	0.09	0.76	2.51	0.08
燃气生产和供应业	0.00	0.18	0.04	0.00	0.03	31.08	1.42	0.97	0.72
木材加工和木、竹、藤、棕、草制品业	0.00	2.51	0.33	0.07	0.30	0.11	1.82	0.03	1.15
医药制造业	0.00	1.20	0.50	1.60	2.74	0.68	0.80	1.91	0.27
电气机械和器材制造业	0.07	4.69	0.43	3.24	1.67	7.08	4.68	1.38	1.71
皮革、毛皮、羽毛及其制品和制鞋业	0.00	5.19	0.07	0.06	0.69	0.59	0.05	0.17	0.15
农副食品加工业	0.07	1.66	0.17	0.50	0.41	0.96	0.95	0.55	0.76
专用设备制造业	0.19	5.04	1.15	1.73	1.15	1.90	3.87	1.76	1.43
印刷和记录媒介复制业	0.80	2.94	0.86	1.18	2.91	2.88	3.18	1.10	1.61
造纸和纸制品业	0.00	1.24	0.56	1.33	0.86	2.35	1.90	0.60	5.01

续表

行业	渝中区	大渡口区	沙坪坝区	北碚区	南岸区	江北区	九龙坡区	渝北区	巴南区
塑料制品业	0.71	1.60	0.68	0.80	1.67	0.60	2.70	0.40	1.16
金属制品业	0.20	1.90	0.65	0.99	2.82	1.78	1.84	0.30	1.74
食品制造业	0.02	3.25	0.44	0.83	0.90	2.24	2.44	2.40	1.85
通用设备制造业	0.05	4.32	1.06	2.99	2.06	1.07	4.66	1.33	4.43
计算机、通信和其他电子设备制造业	0.00	0.13	4.06	0.77	1.14	0.21	1.15	2.17	0.70
仪器仪表制造业	0.38	0.35	0.32	18.45	1.82	4.85	3.96	2.18	0.79
自行车制造业	0.00	0.00	0.00	0.00	0.00	0.00	2.11	0.00	1.10
煤炭开采和洗选业	0.00	0.00	0.00	2.51	0.00	0.00	0.47	0.25	0.00
石油加工及炼焦	0.00	0.18	0.33	0.16	0.00	0.00	6.12	0.07	0.70
汽车制造业	0.06	2.08	0.71	1.38	0.71	9.98	2.57	4.13	2.56
摩托车制造业	0.01	11.07	1.45	4.86	1.44	0.70	6.94	1.10	6.40
橡胶制品业	0.40	1.40	0.26	0.68	2.02	5.99	3.29	0.35	2.33
烟草制品业	0.00	0.00	0.00	0.00	20.70	0.00	0.00	0.00	0.35
船舶及相关装置制造业	0.02	0.21	0.22	0.68	2.63	3.75	0.07	0.19	0.03
文化、办公用机械制造业	0.00	0.00	0.10	0.72	12.16	0.00	11.11	0.94	0.00
铁路运输设备制造业	0.00	0.66	0.42	0.67	0.23	0.00	10.38	0.00	4.09
化学纤维制造业	0.00	0.00	0.00	0.00	0.47	0.00	1.11	0.00	0.04
石油和天然气开采业	0.00	0.00	0.00	0.00	0.00	0.00	0.00	0.00	0.00
城市轨道交通设备制造业	0.00	0.00	0.00	0.00	0.00	94.19	0.00	0.00	0.00
航空、航天器及设备制造业	0.00	0.00	2.04	0.00	0.00	0.00	0.00	10.04	8.84

续表

行业	涪陵区	綦江区	永川区	荣昌县	南川区	合川区	大足区	长寿区	铜梁县
文教、工美、体育和娱乐用品制造业	1.52	0.11	0.07	1.43	0.57	0.97	2.69	1.13	1.00
有色金属冶炼和压延加工业	1.41	1.59	0.43	0.11	7.77	0.83	1.34	0.75	0.72
纺织服装、服饰业	0.05	0.07	0.23	0.56	0.45	1.10	0.34	0.50	1.98
电力、热力生产和供应业	2.15	0.65	0.19	0.07	1.41	0.77	0.64	1.87	0.43
黑色金属冶炼和压延加工业	1.39	0.77	0.98	0.84	0.52	0.64	3.84	20.41	0.59
纺织业	0.08	0.06	0.30	0.84	3.52	1.60	0.41	0.29	2.82
化学原料和化学制品制造业	2.48	0.41	0.55	0.59	2.30	0.25	1.14	9.35	0.49
非金属矿物制品业	0.50	0.85	0.92	1.06	1.12	2.01	1.81	1.50	1.00
家具制造业	0.44	0.14	0.23	0.80	0.76	1.65	0.94	1.14	1.44
饮料制造业	1.40	0.15	0.44	0.48	0.40	0.38	1.20	1.89	0.84
燃气生产和供应业	0.76	0.96	0.55	0.54	0.49	1.03	0.80	1.19	0.35
木材加工和木、竹、藤、棕、草制品业	0.37	0.50	0.29	0.48	0.76	0.45	1.82	2.39	1.14
医药制造业	2.90	0.36	0.10	1.70	0.34	0.80	0.07	3.63	0.66
电气机械和器材制造业	0.68	0.22	1.14	0.75	0.49	0.34	2.01	0.76	0.83
皮革、毛皮、羽毛及其制品和制鞋业	0.08	0.22	0.75	0.25	0.20	0.52	0.22	0.07	2.64
农副食品加工业	3.39	0.77	0.49	1.91	0.52	1.28	1.49	1.14	0.65
专用设备制造业	0.07	0.47	0.94	0.82	0.34	0.57	6.49	0.77	1.06
印刷和记录媒介复制业	2.35	0.63	0.29	0.37	0.42	0.47	0.50	1.52	0.46
造纸和纸制品业	0.42	0.24	1.55	0.35	0.80	0.84	1.11	0.23	1.78

续表

行业	涪陵区	綦江区	永川区	荣昌县	南川区	合川区	大足区	长寿区	铜梁县
塑料制品业	0.97	0.58	0.30	1.08	0.30	1.32	1.58	1.68	1.93
金属制品业	0.11	0.53	0.81	1.24	0.53	0.83	8.41	1.17	0.92
食品制造业	0.35	0.26	1.11	0.39	1.00	2.68	1.08	0.90	1.17
通用设备制造业	0.12	0.28	0.47	1.00	0.55	0.82	2.05	0.67	1.16
计算机、通信和其他电子设备制造业	0.33	0.02	0.74	0.14	0.00	0.79	0.08	0.22	0.69
仪器仪表制造业	0.00	0.00	0.02	0.06	0.14	0.18	0.05	1.83	0.27
自行车制造业	0.00	0.00	0.00	0.00	0.00	0.78	0.00	0.00	1.09
煤炭开采和洗选业	0.21	3.97	3.10	2.34	2.27	0.83	2.24	1.02	0.38
石油加工及炼焦	0.64	0.00	4.33	1.58	1.01	1.05	2.25	1.74	0.00
汽车制造业	0.29	0.70	0.31	0.30	0.08	0.65	3.76	0.47	0.62
摩托车制造业	0.29	0.04	0.17	0.00	0.15	0.52	2.64	0.69	0.34
橡胶制品业	1.70	0.15	2.38	0.46	0.48	0.32	5.94	4.37	0.21
烟草制品业	0.00	0.00	0.00	0.00	0.00	0.00	0.00	0.00	0.00
船舶及相关装置制造业	14.67	0.01	0.00	0.02	0.00	0.33	1.12	0.47	0.03
文化、办公用机械制造业	0.00	0.21	0.00	0.00	0.00	0.00	0.00	1.09	1.65
铁路运输设备制造业	0.00	2.62	0.64	0.00	0.00	0.00	13.30	0.00	0.75
化学纤维制造业	0.04	5.49	0.58	0.00	1.21	3.83	15.45	4.70	0.00
石油和天然气开采业	8.35	0.00	0.00	0.00	0.00	0.00	0.00	0.00	0.00
城市轨道交通设备制造业	0.00	0.02	0.00	0.00	0.00	0.00	0.00	0.00	0.00
航空、航天器及设备制造业	0.00	0.00	0.00	0.00	0.00	0.00	0.00	0.00	0.00

续表

行业	璧山县	江津区	潼南县	万州区	忠县	丰都县	垫江县	开县	梁平县	云阳县
文教、工美、体育和娱乐用品制造业	0.11	0.73	0.55	3.38	1.36	1.28	1.12	0.47	1.84	4.56
有色金属冶炼和压延加工业	0.15	1.29	0.14	0.23	0.26	0.18	0.28	0.09	0.11	0.06
纺织服装、服饰业	0.42	0.37	1.30	1.65	2.17	0.82	0.40	1.94	0.70	2.62
电力、热力生产和供应业	0.02	2.15	0.53	1.56	1.59	3.41	0.44	1.06	0.55	1.65
黑色金属冶炼和压延加工业	0.38	1.77	0.13	0.10	0.15	0.09	0.20	0.02	0.31	0.12
纺织业	0.64	0.94	3.27	1.87	1.08	0.87	0.68	1.55	0.56	0.57
化学原料和化学制品制造业	0.31	2.38	1.19	1.45	0.77	1.99	1.25	0.29	3.00	0.43
非金属矿物制品业	0.66	1.43	0.95	0.86	1.65	1.90	1.24	1.88	0.97	1.14
家具制造业	0.72	0.70	1.74	0.93	1.14	0.36	3.41	1.12	0.78	1.63
饮料制造业	1.56	0.29	0.71	1.49	1.30	0.98	1.04	2.24	0.58	2.20
燃气生产和供应业	0.31	1.44	1.00	0.95	3.87	1.83	0.16	1.00	0.38	0.63
木材加工和木、竹、藤、棕、草制品业	0.37	1.71	2.87	0.85	1.68	1.46	4.92	1.37	4.65	1.46
医药制造业	0.14	0.56	0.31	1.69	0.87	0.24	3.37	0.51	0.24	0.75
电气机械和器材制造业	0.67	1.18	0.17	1.70	0.76	0.90	0.74	0.46	0.18	0.88
皮革、毛皮、羽毛及其制品和制鞋业	6.74	1.51	0.81	0.72	0.98	1.50	0.76	2.49	0.11	0.84
农副食品加工业	0.25	0.84	2.41	0.82	1.93	2.71	1.06	1.74	1.73	1.31
专用设备制造业	0.93	2.58	0.42	0.55	0.36	0.10	0.24	0.21	0.48	0.37
印刷和记录媒介复制业	2.08	0.93	0.88	0.75	0.64	0.73	0.52	0.29	0.27	0.74
造纸和纸制品业	0.86	3.84	1.41	0.31	0.30	1.67	0.57	0.58	4.88	0.28

续表

行业	璧山县	江津区	潼南县	万州区	忠县	丰都县	垫江县	开县	梁平县	云阳县
塑料制品业	3.41	1.80	0.23	0.69	0.15	0.16	0.88	0.39	0.56	0.81
金属制品业	0.82	1.92	1.16	0.69	0.77	0.21	1.60	0.77	0.56	0.65
食品制造业	0.63	1.84	0.47	1.48	0.73	1.34	0.74	0.55	1.14	0.80
通用设备制造业	0.94	3.95	0.12	0.38	0.16	0.07	0.22	0.05	0.18	0.09
计算机、通信和其他电子设备制造业	2.01	1.26	0.39	0.95	0.30	0.06	0.45	0.05	0.38	0.19
仪器仪表制造业	0.68	1.23	0.00	0.33	0.00	0.09	0.10	0.00	0.00	0.02
自行车制造业	0.73	0.00	0.00	0.00	1.09	0.00	0.00	15.96	0.00	2.35
煤炭开采和洗选业	0.07	0.00	0.00	0.15	0.09	0.05	0.22	0.92	0.75	0.64
石油加工及炼焦	0.97	0.16	0.00	0.91	0.00	0.00	0.52	0.08	8.54	0.28
汽车制造业	1.67	2.10	0.05	0.21	0.17	0.01	0.03	0.01	0.04	0.28
摩托车制造业	0.94	2.37	0.02	0.06	0.00	0.00	0.32	0.00	0.02	0.14
橡胶制品业	2.92	1.14	0.09	0.16	0.04	0.44	0.08	0.16	0.04	0.46
烟草制品业	0.00	0.00	0.00	3.02	0.00	0.00	0.00	0.00	0.00	0.00
船舶及相关装置制造业	0.05	0.44	0.03	1.37	0.57	6.39	0.00	0.00	0.00	1.22
文化、办公用机械制造业	0.68	2.52	0.00	0.00	0.00	2.19	0.83	0.00	0.00	0.00
铁路运输设备制造业	0.00	3.01	0.00	0.00	0.00	0.00	0.00	0.00	1.85	0.00
化学纤维制造业	0.10	0.00	0.00	0.00	2.28	0.00	1.02	0.00	1.04	0.00
石油和天然气开采业	0.00	0.00	0.00	0.47	18.40	0.00	10.89	0.00	0.00	0.00
城市轨道交通设备制造业	0.00	0.00	0.00	0.00	0.00	0.00	0.00	0.00	0.00	0.00
航空、航天器及设备制造业	0.00	0.00	0.00	0.00	0.00	0.00	0.00	0.00	0.00	0.00

续表

行业	巫山县	奉节县	巫溪县	城口县	黔江区	彭水县	石柱县	武隆县	秀山县	酉阳县
文教、工美、体育和娱乐用品制造业	0. 25	0. 40	0. 32	0. 78	1. 04	0. 93	0. 46	1. 48	1. 08	14. 75
有色金属冶炼和压延加工业	0. 00	0. 00	0. 04	5. 20	0. 56	0. 01	0. 93	0. 52	3. 82	4. 13
纺织服装、服饰业	1. 19	0. 95	0. 96	0. 31	1. 61	0. 36	0. 48	0. 14	3. 46	3. 11
电力、热力生产和供应业	1. 49	1. 68	4. 25	5. 79	1. 86	2. 03	1. 99	5. 27	1. 91	2. 93
黑色金属冶炼和压延加工业	0. 00	0. 02	0. 01	16. 71	1. 20	0. 00	0. 01	0. 96	13. 04	1. 89
纺织业	0. 04	0. 13	0. 83	0. 25	1. 30	0. 22	0. 42	0. 47	0. 02	1. 53
化学原料和化学制品制造业	0. 07	0. 08	0. 65	0. 56	0. 57	0. 28	0. 73	0. 27	0. 84	1. 26
非金属矿物制品业	0. 35	0. 78	0. 31	0. 20	0. 86	1. 00	0. 73	0. 85	1. 19	1. 06
家具制造业	0. 09	0. 73	0. 40	0. 15	0. 35	1. 21	0. 61	0. 22	1. 01	0. 90
饮料制造业	1. 03	0. 99	0. 07	0. 28	0. 19	0. 41	0. 67	0. 42	3. 16	0. 84
燃气生产和供应业	0. 29	0. 34	0. 00	0. 94	0. 98	0. 75	1. 38	0. 37	0. 37	0. 72
木材加工和木、竹、藤、棕、草制品业	0. 18	0. 42	0. 89	0. 27	1. 69	0. 52	1. 37	0. 63	0. 51	0. 61
医药制造业	0. 04	0. 00	0. 30	0. 00	1. 03	0. 51	1. 25	0. 07	1. 81	0. 50
电气机械和器材制造业	0. 01	0. 03	0. 01	0. 00	0. 65	0. 08	0. 12	0. 13	0. 20	0. 47
皮革、毛皮、羽毛及其制品和制鞋业	1. 44	0. 07	0. 12	0. 24	0. 02	1. 43	2. 42	0. 38	0. 15	0. 46
农副食品加工业	0. 34	0. 40	0. 38	0. 91	2. 00	0. 48	0. 92	1. 56	2. 17	0. 41
专用设备制造业	0. 08	0. 02	0. 01	0. 06	0. 33	0. 05	0. 50	0. 11	0. 21	0. 25
印刷和记录媒介复制业	0. 42	0. 48	0. 01	0. 16	3. 10	0. 03	0. 20	0. 05	0. 53	0. 21
造纸和纸制品业	0. 00	0. 10	0. 02	0. 00	0. 04	0. 09	0. 83	0. 54	0. 01	0. 17

续表

行业	巫山县	奉节县	巫溪县	城口县	黔江区	彭水县	石柱县	武隆县	秀山县	酉阳县
塑料制品业	0.02	0.16	0.05	0.00	1.51	0.04	0.88	0.25	0.56	0.17
金属制品业	0.11	0.23	0.15	0.15	0.34	0.21	0.36	0.60	0.34	0.16
食品制造业	0.15	0.34	0.02	0.20	0.89	0.08	0.96	0.61	0.21	0.15
通用设备制造业	0.06	0.00	0.11	0.01	0.29	0.00	0.03	0.65	0.00	0.12
计算机、通信和其他电子设备制造业	0.00	0.20	0.00	0.00	0.00	0.01	0.06	0.42	0.64	0.09
仪器仪表制造业	2.34	0.00	0.00	0.00	0.40	0.00	0.00	0.00	0.18	0.01
自行车制造业	0.00	0.00	0.00	0.00	0.00	0.00	3.98	0.00	7.26	0.00
煤炭开采和洗选业	3.53	3.39	2.69	2.24	0.97	2.42	1.78	1.26	0.38	0.00
石油加工及炼焦	0.00	0.00	0.00	0.00	0.00	0.00	0.00	0.68	0.00	0.00
汽车制造业	0.00	0.00	0.00	0.00	0.00	0.00	0.17	0.34	0.00	0.00
摩托车制造业	0.00	0.00	0.00	0.00	0.14	0.00	0.00	0.21	0.00	0.00
橡胶制品业	0.00	0.00	0.00	0.00	0.00	0.00	0.00	0.06	0.00	0.00
烟草制品业	0.00	0.00	0.00	0.00	0.00	23.52	0.00	0.00	0.00	0.00
船舶及相关装置制造业	0.00	0.98	0.00	0.00	0.00	0.02	0.00	0.00	0.00	0.00
文化、办公用机械制造业	0.00	0.00	0.75	0.00	0.00	0.00	0.00	0.00	0.00	0.00
铁路运输设备制造业	0.29	0.00	0.00	0.00	0.00	0.00	0.00	0.00	0.00	0.00
化学纤维制造业	0.00	0.00	0.00	0.00	0.00	0.00	0.00	0.00	0.00	0.00
石油和天然气开采业	0.00	0.00	0.00	0.00	0.00	0.00	0.00	0.00	0.00	0.00
城市轨道交通设备制造业	0.00	0.00	0.00	0.00	0.00	0.00	0.00	0.00	0.00	0.00
航空、航天器及设备制造业	0.00	0.00	0.00	0.00	0.00	0.00	0.00	0.00	0.00	0.00

表 2-9　各区县优势产业分布情况

区县	优势产业
主城片区	
渝中区	电力、热力生产和供应业
沙坪坝区	计算机、通信和其他电子设备制造业，纺织业，航空、航天器及设备制造业，摩托车制造业，专用设备制造业，通用设备制造业
大渡口区	摩托车制造业，非金属矿物制品业，皮革、毛皮、羽毛及其制品和制鞋业，专用设备制造业，电气机械和器材制造业，通用设备制造业，黑色金属冶炼和压延加工业，食品制造业，印刷和记录媒介复制业，木材加工和木、竹、藤、棕、草制品业，汽车制造业，金属制品业，化学原料和化学制品制造业，有色金属冶炼和压延加工业，农副食品加工业，塑料制品业，橡胶制品业，文教、工美、体育和娱乐用品制造业，造纸和纸制品业，医药制造业
北碚区	仪器仪表制造业，摩托车制造业，电气机械和器材制造业，通用设备制造业，煤炭开采和洗选业，非金属矿物制品业，专用设备制造业，医药制造业，汽车制造业，造纸和纸制品业，纺织业，印刷和记录媒介复制业
南岸区	烟草制品业，文化、办公用机械制造业，纺织服装、服饰业，饮料制造业，印刷和记录媒介复制业，金属制品业，医药制造业，船舶及相关装置制造业，通用设备制造业，橡胶制品业，仪器仪表制造业，电气机械和器材制造业，塑料制品业，化学原料和化学制品制造业，摩托车制造业，专用设备制造业，计算机、通信和其他电子设备制造业
江北区	城市轨道交通设备制造业，燃气生产和供应业，汽车制造业，电气机械和器材制造业，橡胶制品业，仪器仪表制造业，船舶及相关装置制造业，印刷和记录媒介复制业，造纸和纸制品业，食品制造业，化学原料和化学制品制造业，专用设备制造业，金属制品业，非金属矿物制品业，通用设备制造业
九龙坡区	有色金属冶炼和压延加工业，文化、办公用机械制造业，铁路运输设备制造业，摩托车制造业，石油加工及炼焦，电气机械和器材制造业，通用设备制造业，仪器仪表制造业，专用设备制造业，橡胶制品业，印刷和记录媒介复制业，塑料制品业，汽车制造业，食品制造业，自行车制造业，家具制造业，造纸和纸制品业，金属制品业，木材加工和木、竹、藤、棕、草制品业，燃气生产和供应业，计算机、通信和其他电子设备制造业，化学纤维制造业，化学原料和化学制品制造业
渝北区	航空、航天器及设备制造业，汽车制造业，饮料制造业，食品制造业，仪器仪表制造业，计算机、通信和其他电子设备制造业，家具制造业，医药制造业，纺织服装、服饰业，专用设备制造业，电气机械和器材制造业，通用设备制造业，印刷和记录媒介复制业，摩托车制造业

续表

区县	优势产业
巴南区	航空、航天器及设备制造业，摩托车制造业，造纸和纸制品业，通用设备制造业，纺织服装、服饰业，铁路运输设备制造业，汽车制造业，橡胶制品业，家具制造业，食品制造业，金属制品业，电气机械和器材制造业，印刷和记录媒介复制业，有色金属冶炼和压延加工业，专用设备制造业，非金属矿物制品业，塑料制品业，木材加工和木、竹、藤、棕、草制品业，自行车制造业
渝西片区	
涪陵区	船舶及相关装置制造业，石油和天然气开采业，农副食品加工业，医药制造业，化学原料和化学制品制造业，印刷和记录媒介复制业，电力、热力生产和供应业，橡胶制品业，文教、工美、体育和娱乐用品制造业，有色金属冶炼和压延加工业，饮料制造业，黑色金属冶炼和压延加工业
綦江区	化学纤维制造业，煤炭开采和洗选业，铁路运输设备制造业，有色金属冶炼和压延加工业
永川区	石油加工及炼焦，煤炭开采和洗选业，橡胶制品业，造纸和纸制品业，电气机械和器材制造业，食品制造业
荣昌县	煤炭开采和洗选业，农副食品加工业，医药制造业，石油加工及炼焦，文教、工美、体育和娱乐用品制造业，金属制品业，塑料制品业，非金属矿物制品业
南川区	有色金属冶炼和压延加工业，纺织业，化学原料和化学制品制造业，煤炭开采和洗选业，电力、热力生产和供应业，化学纤维制造业，非金属矿物制品业，石油加工及炼焦
合川区	化学纤维制造业，食品制造业，非金属矿物制品业，家具制造业，纺织业，塑料制品业，农副食品加工业，纺织服装、服饰业，石油加工及炼焦，燃气生产和供应业
大足区	化学纤维制造业，铁路运输设备制造业，金属制品业，专用设备制造业，橡胶制品业，黑色金属冶炼和压延加工业，汽车制造业，文教、工美、体育和娱乐用品制造业，摩托车制造业，石油加工及炼焦，煤炭开采和洗选业，通用设备制造业，电气机械和器材制造业，木材加工和木，竹、藤、棕、草制品业，非金属矿物制品业，塑料制品业，农副食品加工业，有色金属冶炼和压延加工业，饮料制造业，化学原料和化学制品制造业，船舶及相关装置制造业，造纸和纸制品业，食品制造业

续表

区县	优势产业
长寿区	黑色金属冶炼和压延加工业，化学原料和化学制品制造业，化学纤维制造业，橡胶制品业，医药制造业，木材加工和木、竹、藤、棕、草制品业，饮料制造业，电力、热力生产和供应业，仪器仪表制造业，石油加工及炼焦，塑料制品业，印刷和记录媒介复制业，非金属矿物制品业，燃气生产和供应业，金属制品业，农副食品加工业，家具制造业，文教、工美、体育和娱乐用品制造业，文化、办公用机械制造业，煤炭开采和洗选业
铜梁县	纺织业，皮革、毛皮、羽毛及其制品和制鞋业，纺织服装、服饰业，塑料制品业，造纸和纸制品业，文化、办公用机械制造业，家具制造业，食品制造业，通用设备制造业，木材加工和木、竹、藤、棕、草制品业，自行车制造业，专用设备制造业
璧山县	皮革、毛皮、羽毛及其制品和制鞋业，塑料制品业，橡胶制品业，印刷和记录媒介复制业，计算机、通信和其他电子设备制造业，汽车制造业，饮料制造业
江津区	通用设备制造业，造纸和纸制品业，铁路运输设备制造业，专用设备制造业，文化、办公用机械制造业，化学原料和化学制品制造业，摩托车制造业，电力、热力生产和供应业，汽车制造业，金属制品业，食品制造业，塑料制品业，黑色金属冶炼和压延加工业，木材加工和木、竹、藤、棕、草制品业，皮革、毛皮、羽毛及其制品和制鞋业，燃气生产和供应业，非金属矿物制品业，有色金属冶炼和压延加工业，计算机、通信和其他电子设备制造业，仪器仪表制造业，电气机械和器材制造业，橡胶制品业
潼南县	纺织业，木材加工和木、竹、藤、棕、草制品业，农副食品加工业，家具制造业，造纸和纸制品业，纺织服装、服饰业，化学原料和化学制品制造业，金属制品业
渝东北片区	
万州区	文教、工美、体育和娱乐用品制造业，烟草制品业，纺织业，电气机械和器材制造业，医药制造业，纺织服装、服饰业，电力、热力生产和供应业，饮料制造业，食品制造业，化学原料和化学制品制造业，船舶及相关装置制造业
忠县	石油和天然气开采业，燃气生产和供应业，化学纤维制造业，纺织服装、服饰业，农副食品加工业，木材加工和木、竹、藤、棕、草制品业，非金属矿物制品业，电力、热力生产和供应业，文教、工美、体育和娱乐用品制造业，饮料制造业，家具制造业，自行车制造业，纺织业

续表

区县	优势产业
丰都县	船舶及相关装置制造业，电力、热力生产和供应业，农副食品加工业，文化、办公用机械制造业，化学原料和化学制品制造业，非金属矿物制品业，燃气生产和供应业，造纸和纸制品业，皮革、毛皮、羽毛及其制品和制鞋业，木材加工和木、竹、藤、棕、草制品业，食品制造业，文教、工美、体育和娱乐用品制造业
垫江县	石油和天然气开采业，木材加工和木、竹、藤、棕、草制品业，家具制造业，医药制造业，金属制品业，化学原料和化学制品制造业，非金属矿物制品业，文教、工美、体育和娱乐用品制造业，农副食品加工业，饮料制造业，化学纤维制造业
开县	自行车制造业，皮革、毛皮、羽毛及其制品和制鞋业，饮料制造业，纺织服装、服饰业，非金属矿物制品业，农副食品加工业，纺织业，木材加工和木、竹、藤、棕、草制品业，家具制造业，电力、热力生产和供应业
梁平县	石油加工及炼焦，造纸和纸制品业，木材加工和木、竹、藤、棕、草制品业，化学原料和化学制品制造业，铁路运输设备制造业，文教、工美、体育和娱乐用品制造业，农副食品加工业，食品制造业，化学纤维制造业
云阳县	文教、工美、体育和娱乐用品制造业，纺织服装、服饰业，自行车制造业，饮料制造业，电力、热力生产和供应业，家具制造业，木材加工和木、竹、藤、棕、草制品业，农副食品加工业，船舶及相关装置制造业，非金属矿物制品业
巫山县	煤炭开采和洗选业，仪器仪表制造业，电力、热力生产和供应业，皮革、毛皮、羽毛及其制品和制鞋业，纺织服装、服饰业，饮料制造业
奉节县	煤炭开采和洗选业，电力、热力生产和供应业
巫溪县	煤炭开采和洗选业，电力、热力生产和供应业
城口县	黑色金属冶炼和压延加工业，电力、热力生产和供应业，有色金属冶炼和压延加工业，煤炭开采和洗选业
渝东南片区	
黔江区	印刷和记录媒介复制业，农副食品加工业，电力、热力生产和供应业，木材加工和木、竹、藤、棕、草制品业，纺织服装、服饰业，塑料制品业，纺织业，黑色金属冶炼和压延加工业，文教、工美、体育和娱乐用品制造业，医药制造业
彭水县	烟草制品业，煤炭开采和洗选业，电力、热力生产和供应业，皮革、毛皮、羽毛及其制品和制鞋业，家具制造业

续表

区县	优势产业
石柱县	自行车制造业，皮革、毛皮、羽毛及其制品和制鞋业，电力、热力生产和供应业，煤炭开采和洗选业，燃气生产和供应业，木材加工和木、竹、藤、棕、草制品业，医药制造业
武隆县	电力、热力生产和供应业，农副食品加工业，文教、工美、体育和娱乐用品制造业，煤炭开采和洗选业
秀山县	黑色金属冶炼和压延加工业，自行车制造业，有色金属冶炼和压延加工业，纺织服装、服饰业，饮料制造业，农副食品加工业，电力、热力生产和供应业，医药制造业，非金属矿物制品业，文教、工美、体育和娱乐用品制造业，家具制造业
酉阳县	文教、工美、体育和娱乐用品制造业，有色金属冶炼和压延加工业，纺织服装、服饰业，电力、热力生产和供应业，黑色金属冶炼和压延加工业，纺织业，化学原料和化学制品制造业，非金属矿物制品业

三、重要支撑体系格局现状分析

（一）人口分布格局现状

重庆位于西南地区，是集大城市、大农村、大库区、大山区于一体的直辖市，承载能力较好的城市对人口的集聚度也较大，而较为偏远的农村地区人口分布则较为分散。我们利用夜间灯光（DMSP/OLS）和植被指数（NDVI）等人口分布指示因子建立人居指数模型，进一步考虑了海拔对人口分布的影响，将DEM数字高程数据与人居指数进行融合，建立重庆市人口空间化模型，进一步明确了全市人口分布格局现状（见图2-23）。

1. 人口分布趋于合理，人口密度差异明显

由于历史原因和特殊的地理环境，重庆市人口重心偏离几何中心，

明显向西偏移，密度整体上呈现“西部高，两翼低”，城镇化水平的区域差异明显。分四大片区来看，主城片区经济发达、城镇化水平高，对人口的聚集效应很明显；渝西片区各区县及开发区由于产业发展带来了人口的较快集聚；渝东北片区人口分布表现为沿江、骨干交通、槽谷地带分布较明显，呈现出“星云”状，万州作为区域中心城市对人口的聚集效应比较明显，且万开云之间人口分布趋向于粘连，具备发展为城市群的空间基础；渝东南片区地处武陵山，高山植被较多，经济相对落后，人口相对较少，城镇对人口的聚集效应也不明显，人口分布呈现出“星点”状，其中，黔江区对周边区域的人口集聚效应也不明显（见图 2-24）。

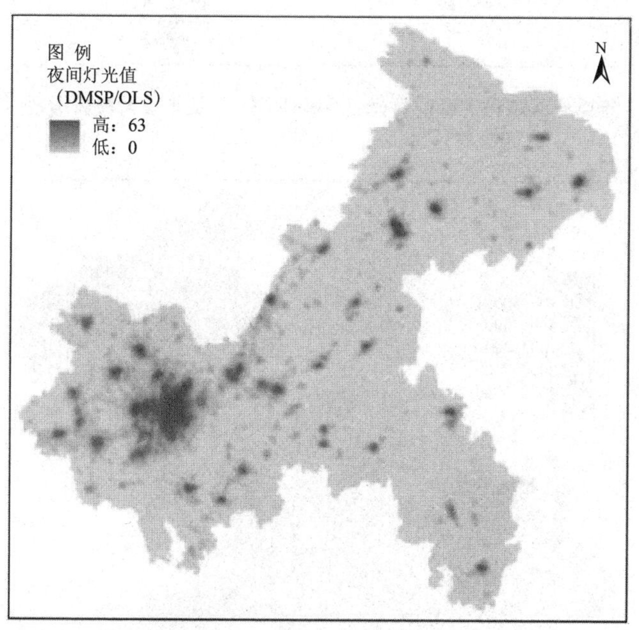

图 2-23　2013 年重庆区域稳定夜间灯光（DMSP/OLS）及年最大植被指数（NDVI）

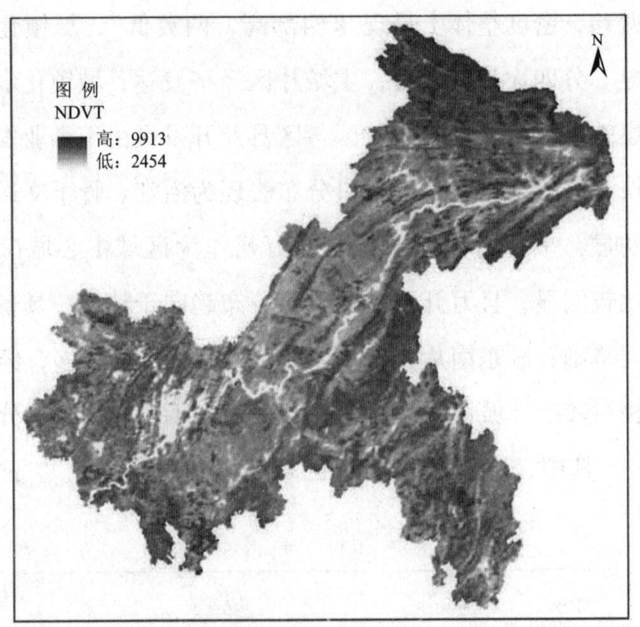

图 2-23　2013 年重庆区域稳定夜间灯光（DMSP/OLS）及年最大植被指数（NDVI）（续）

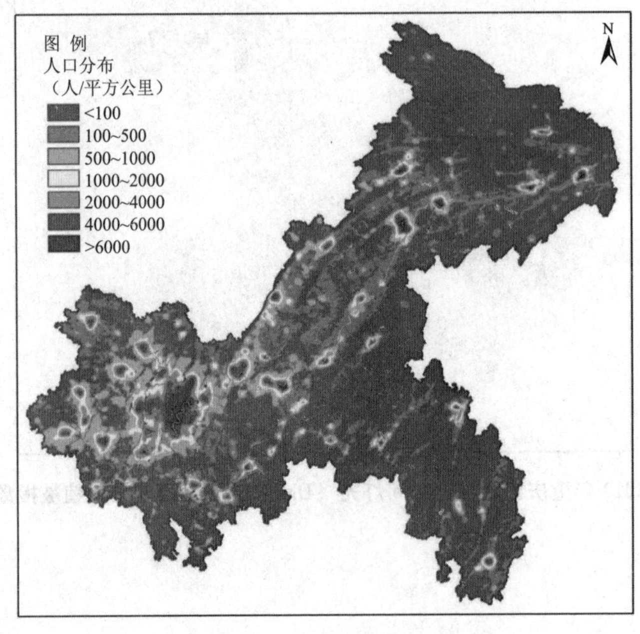

图 2-24　重庆市人口分布密度

2. “一小时经济圈”人口密度分布呈现典型的组团和圈层结构

主城片区内环以内区域是政治经济、历史文化、金融创新、现代服务业的中心区域，高端要素集聚，基本上是完全城市化的地区，人口密度最大，其占全市总面积的 0.4%，却承载了全市 1/8 的人口，而且近年增长较快。二环周边聚集了全市主要的工业园区，是全市先进制造业集聚区，其中由于产业的聚集及园区的拓展带动了北碚、璧山、江津及西永、双福、茶园、鱼复等组团人口的聚集，人口的分布与中心城区出现了粘连特性，尤其是璧山、江津与主城区在人口分布上已形成了密切的空间关系，具备融入主城区的空间条件，共同构成了“一小时经济圈”的一、二圈层。渝西片区的大荣永双、綦万南、长涪、合铜城镇之间也出现人口分布的粘连趋势，且与主城片区之间相对分离，形成了 4 个区域性的城市群，构成了“一小时经济圈”外围组团片区。而远离中心城区的个别乡镇，如合川的三汇、永川的朱沱、江津的白沙，南川的水江、涪陵的白涛等，由于经济的发展及城镇化的推进出现了明显人口聚集，这些中心镇发展构成了大中小城市网络型组团式发展新格局（见图 2-25）。

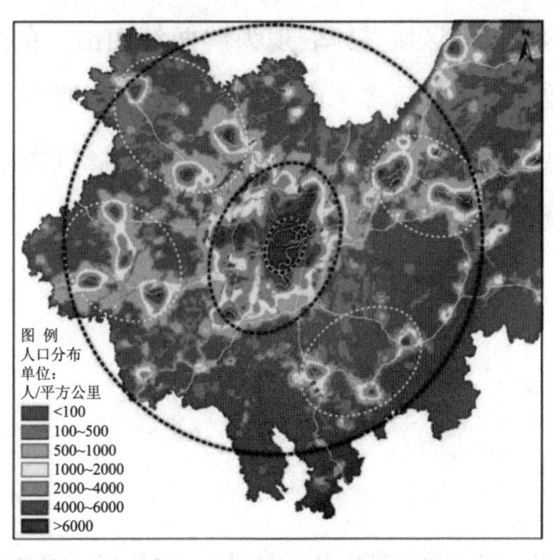

图 2-25　重庆“一小时经济圈”人口分布模拟

（二）国土开发空间格局现状

土地资源的适宜性以及土地利用开发强度反映了一个地区的基础自然条件以及未来的发展潜力，我们主要选择了表示地形的坡度、高程因子、地形起伏度等评价因子，来分析全市国土开发空间格局现状①。

1. 主城片区内环以内区域土地适宜性较好，但剩余土地开发潜力不足

重庆主城片区内环以内区域地处川东平行岭谷地带，水系发达，具备南北向的条形低山，虽然适宜建设的土地资源较为缺乏，但相对全市来说土地开发适宜性良好。长期以来，该区域一直是重庆传统的政治、文化、经济中心，开发强度最大。可以看出，该区域各区建成区域面积与适宜开发土地面积之比基本保持在40%左右，渝中区更是达到100%。因此，可以看到，该区域受到土地面积狭小的限制，剩余土地开发潜力不足。

2. 主城片区内环以外区域土地适宜性较好，剩余土地开发潜力大

主城片区内环以外区域整体表现为“两江四山”的地形地貌特征，槽谷地区地势较为平坦，且多为南北走向，土地资源丰富，建设适宜用地条件较好，具备较充足的城市拓展空间。交通区位优势明显，开发强度适中，土地剩余开发潜力巨大。

① 鉴于基本农田空间分布较为离散，且本书只着眼土地开发适宜性总体特征的研究，因此在计算和分析过程中，均未将基本农田考虑在内。

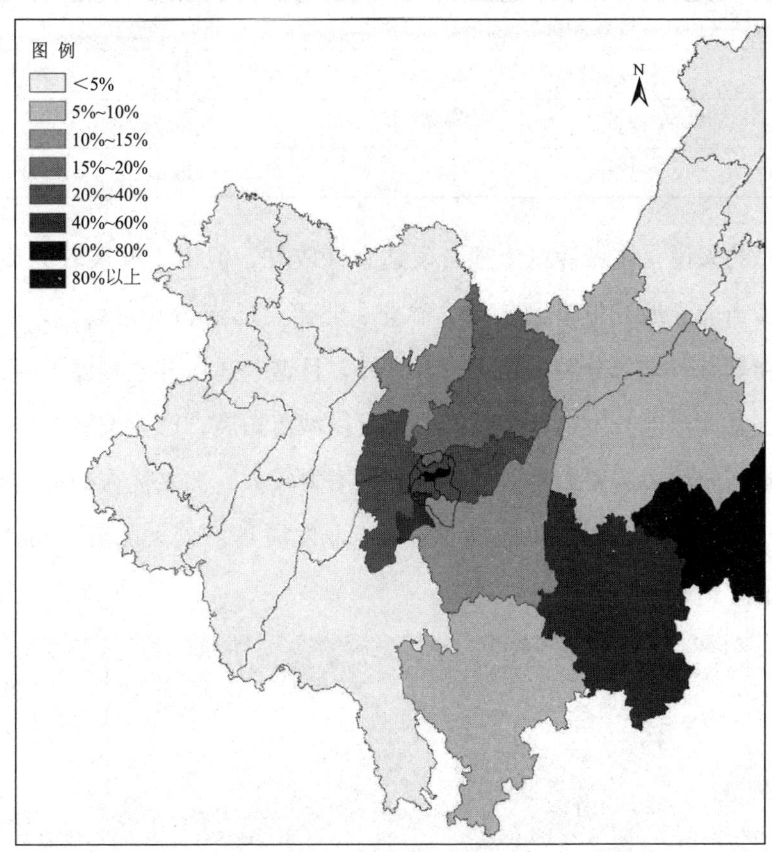

图 2-26 “一小时经济圈”各区土地开发比例示意图

表 2-10 主城片区内各区开发土地占比（均不包括基本农田）

区县	占比（%）
渝中区	100
江北区	34.8
渝北区	18.5
北碚区	13.6
九龙坡区	28.1
大渡口区	46.6

续表

区县	占比（%）
沙坪坝区	37.2
南岸区	39.5
巴南区	10.1

总的来说，主城片区土地开发适宜性较好，但由于发展较为成熟，核心区当前土地开发潜力较小，渝北、北碚、巴南、九龙坡、大渡口、沙坪坝等有较大部分区域位于内环以外，且这些区域开发程度不高，因此各区总体土地开发占比偏低，未来可供城市拓展、产业发展的空间比较充裕。内环快速路以外区域土地开发潜力较大，加之优秀的道路交通条件与毗邻核心区的区位优势，未来产业发展具备较大优势（见图 2-27 至图 2-29）。

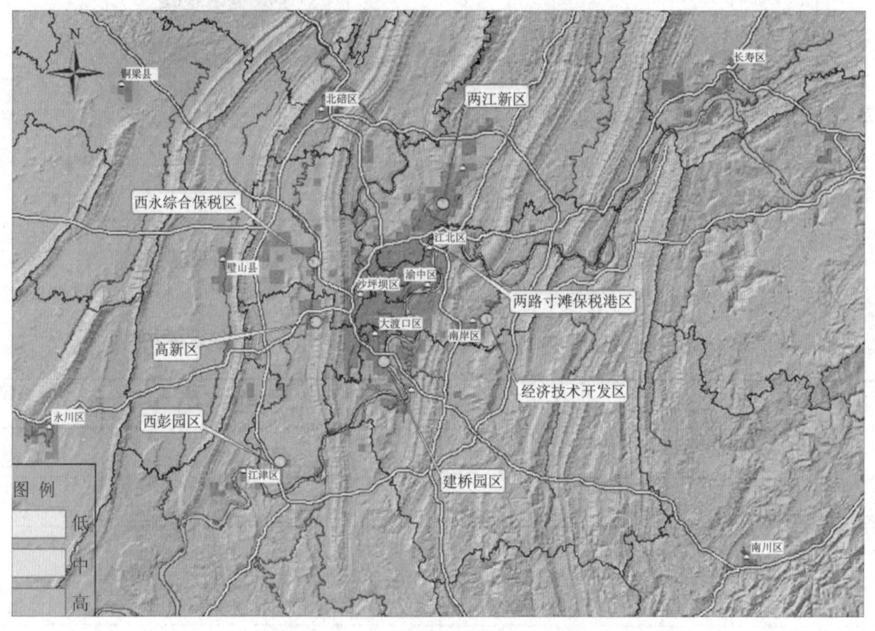

图 2-27　主城片区土地利用现状

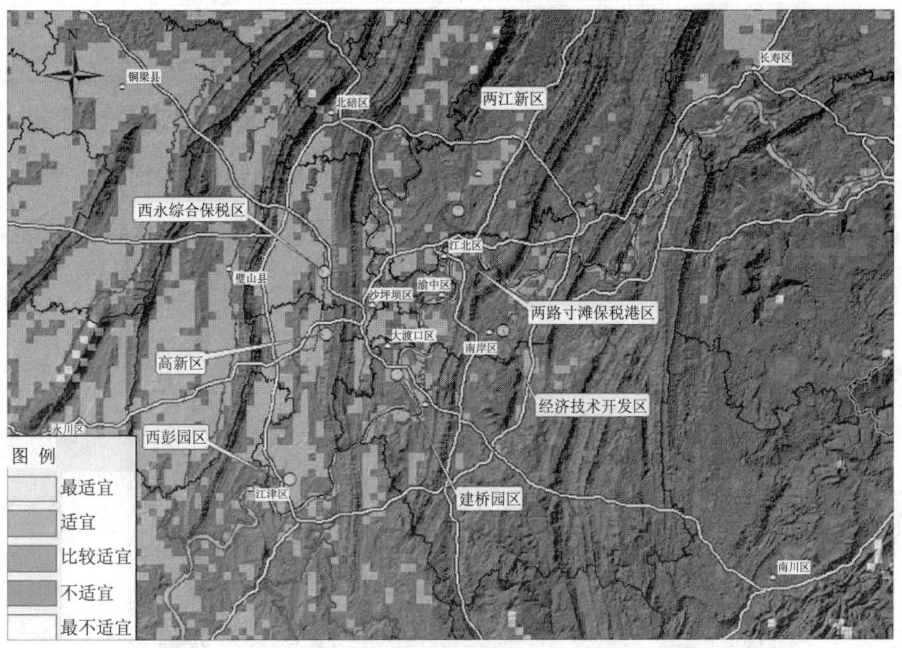

图 2-28　主城片区土地适宜性

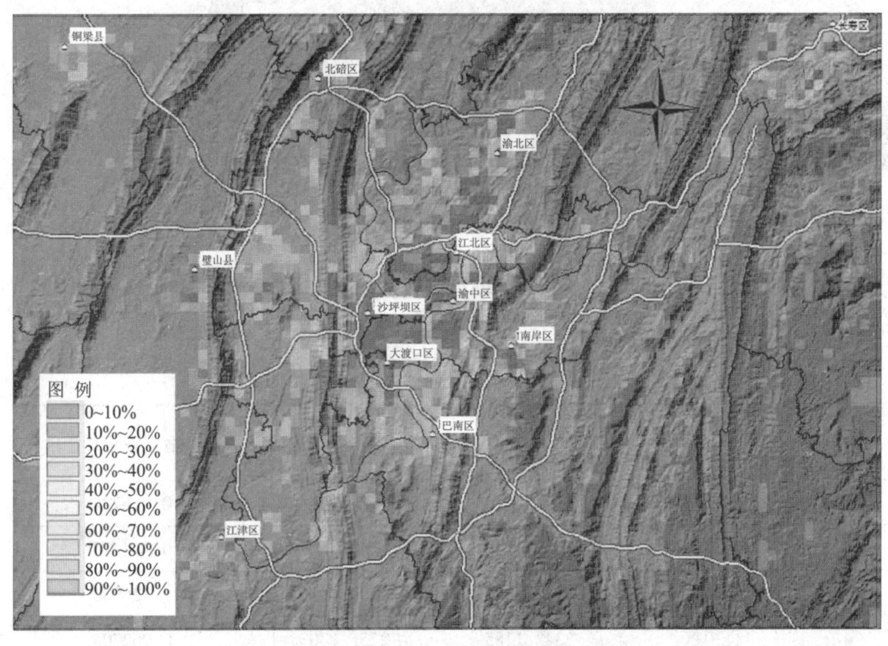

图 2-29　主城片区剩余土地开发强度

3. 渝西片区土地适宜性良好，剩余土地开发潜力较大

渝西片区普遍具有较好的土地适宜性，自然环境和地理条件优越：渝西地区地势平坦；渝南綦江—南川地区连接云贵高原，四面山、黑山位于该区域内；涪陵—长寿区域北部较为平坦，南部位于武陵山脉之中，与渝东南区域相连（见图2-30）。

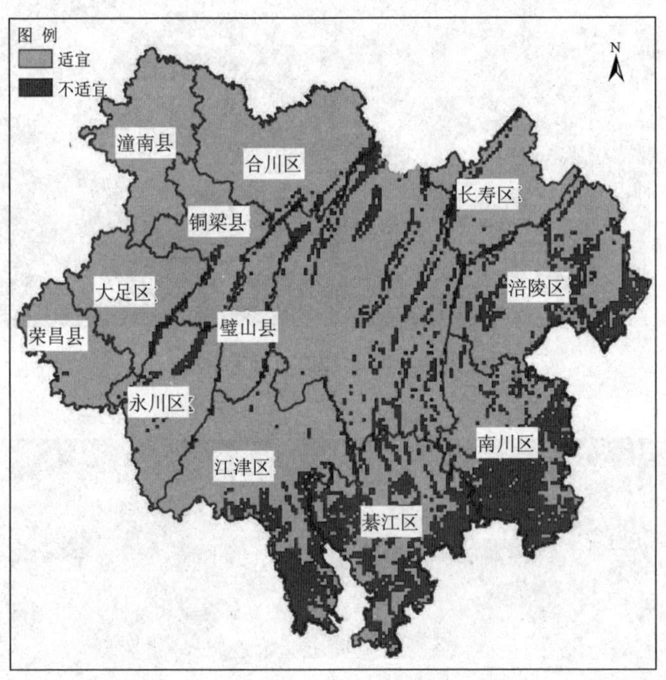

图2-30 “一小时经济圈”土地开发适宜性图

表2-11 渝西片区各区适宜开发土地面积

序号	地区	总面积（平方公里）	适宜面积（平方公里）	适宜百分比
1	璧山县	913.9968	837.8829	0.916724
2	大足区	1432.3356	1395.342	0.974173
3	涪陵区	2943.7317	2139.9039	0.726936
4	合川区	2343.1185	2255.7303	0.962704

续表

序号	地区	总面积（平方公里）	适宜面积（平方公里）	适宜百分比（%）
5	江津区	3216.4461	2473.4925	0.769014
6	南川区	2590.3512	1267.3413	0.489255
7	綦江区	2746.6515	1379.7684	0.502346
8	荣昌县	1075.9284	1068.7797	0.993356
9	铜梁县	1339.6878	1265.3541	0.944514
10	潼南县	1583.3367	1583.3367	1
11	永川区	1577.5497	1429.4898	0.906146
12	长寿区	1421.7633	1256.9517	0.884079

渝西潼南、璧山、大足、荣昌、永川等区土地适宜面积百分比均高于90%，土地发展条件最好，加之城市、产业发展初具规模，发展潜力较大。长寿与涪陵土地适宜面积比例分别为88%和73%，主要受南部武陵山区的影响，整体条件不如前者。江津、南川、綦江等区受南部山区影响，土地适宜面积比例整体低于其他区县（见图2-31）。

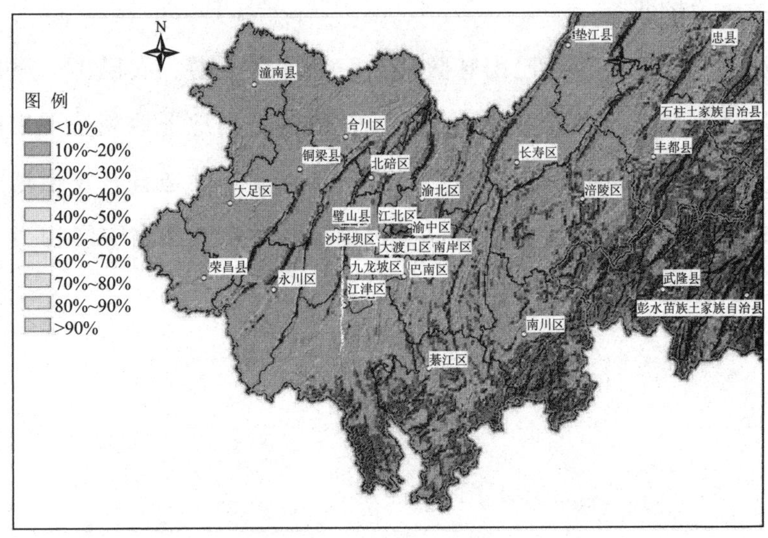

图2-31 “一小时经济圈”最大、最小剩余土地开发潜力分布

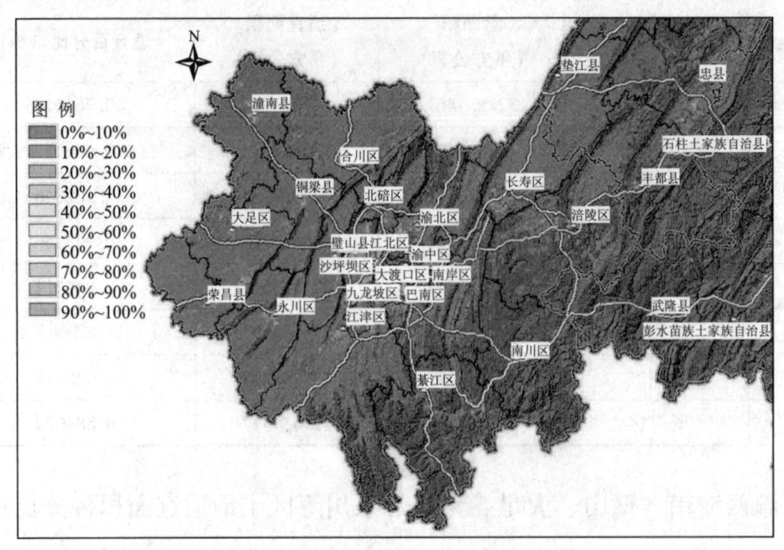

图 2-31　“一小时经济圈”最大、最小剩余土地开发潜力分布（续）

渝东北片区和渝东南片区因为受到资源禀赋和土地承载能力的限制，虽然总体开发程度不高，但是开发强度相对较高，剩余土地开发潜力总的来说较低。

渝东北片区位于秦巴山脉腹地、三峡库区上游，大巴山、巫山等山系在本区域交汇，长江川流而过，使得区域内地形地貌呈现出山河相间、峡谷纵横的特征。受自然条件所限，渝东北适宜开发土地面积相对较小、发展相对落后的城口县，土地开发强度和渝中区相当（见图 2-32）。

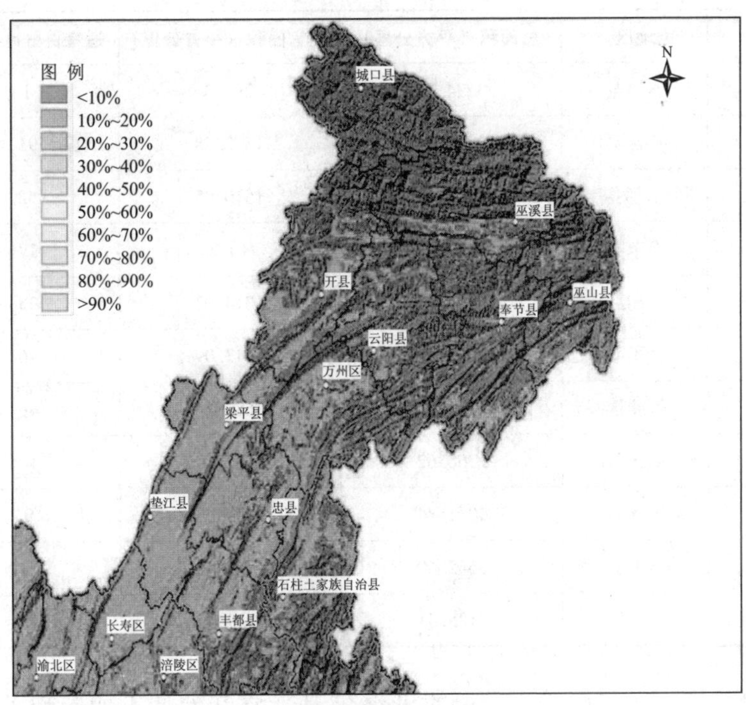

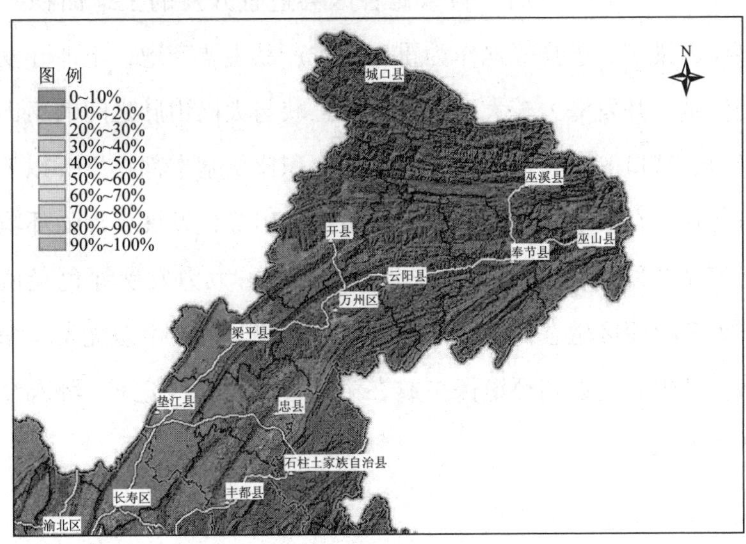

图 2-32　渝东北片区最大、最小剩余土地开发潜力分布

表 2-12　渝东北各区县适宜开发土地面积

序号	地区	总面积（平方公里）	适宜面积（平方公里）	适宜百分比（%）
1	城口县	3294. 61	29. 23	1
2	垫江县	1516. 96	1372. 88	91
3	丰都县	2903. 87	1510. 05	52
4	奉节县	4112. 48	710. 79	17
5	开县	3969. 41	1314. 07	33
6	梁平县	1889. 54	1443. 09	76
7	万州区	3462. 48	1680. 26	49
8	巫山县	2966. 62	443. 22	15
9	巫溪县	4031. 74	370. 77	9
10	云阳县	3645. 60	751. 83	21
11	忠县	2185. 31	1713. 49	78

从表 2-12 可以看出，渝东北各区县适宜开发的土地面积差距较大，垫江、梁平、忠县等地作为重庆市农产品主要产地，土地开发适宜性比较优越，开发潜力较大。位于长江三峡与大巴山脉之间的巫山、巫溪、奉节、城口等县，适宜开发的土地面积比例基本都在20%以下，因此渝东北片区在发展方向和路径上要更加突出绿色发展，加强环境保护与生态产品开发，构建生态特色农业产业链，大力发展绿色经济。未来，作为三峡库区生态保护区的核心区域，应坚持走生态优先、绿色发展之路，把生态建设和环境保护放在第一位，把“绿色+”融入经济社会发展各方面。

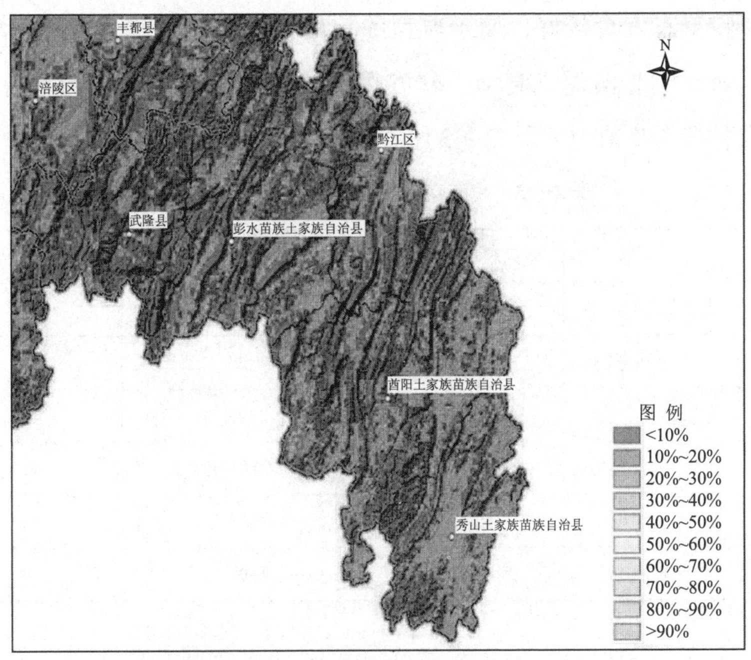

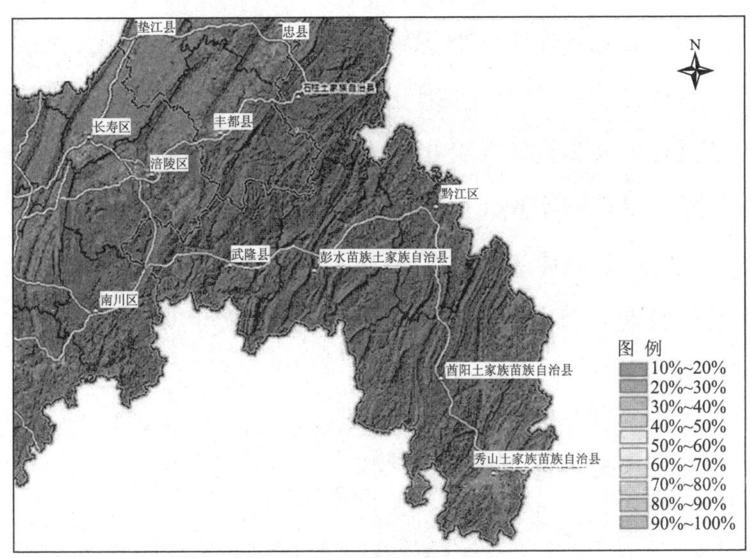

图 2-33　渝东南片区最大、最小剩余土地开发潜力分布

渝东南片区位于大娄山山区，呈现显著的喀斯特地貌，地下水和地表喀斯特形态发育较好，属于典型的喀斯特山区，石林、峰林、洼地、浅丘、落水洞、溶洞、暗河、峡谷等地形分布广泛，山区沟壑叠嶂纵横，森林覆盖率高（见图 2-33）。

表 2-13　渝东南各区县适宜开发土地面积

序号	地区	总面积（平方公里）	适宜面积（平方公里）	适宜百分比（%）
1	武隆县	2885. 64	598. 49	21
2	彭水县	3898. 51	1325. 12	34
3	酉阳县	5157. 17	2316. 74	45
4	黔江区	2376. 86	970. 93	41
5	秀山县	2445. 46	1378. 31	56
6	石柱县	2997. 67	1194. 78	40

渝东南片区自然生态环境较好，各区县适宜开发的土地面积差距不大，但总的适宜开发土地面积较少。针对这一现实状况，渝东南片区应把“生态保护”作为首要任务，针对生态环境更为脆弱和敏感的特点，强调减少人为扰动，突出减人减载特点，肩负起保护武陵山重要生态屏障的责任，实现建设武陵山绿色经济发展高地、重要生态屏障、民俗文化生态旅游带和扶贫开发示范区的目标，以大旅游经济带动特色效益农业、特色生态工业、特色旅游业等特色效益产业发展（见表 2-13）。

（三）综合交通体系格局现状

发达的城市交通网络系统是优化城市和产业布局的重要支撑因素，国际上大多采用高速公路、高速铁路、市郊铁路以及轨道交通等实现地区之间远距离运输和近距离内部循环。本书重点考虑公路道路等级、路网密度、出入口等因素，对全市四大片区交通可达性和优势度进行测度。

1. 立体交通运输网络基本形成

直辖以来，重庆交通运输建设步伐明显加快，进入了前所未有的快速发展时期。经过17年的快速发展，目前已形成“一枢纽八干线二支线”铁路网、“二环十射”高速公路网、“一大两小”空港格局及“一干两支”高等级航道体系。城市轨道交通及快速路网加快建设，主城区轨道交通运营里程数和客运量居中国中西部城市首位。城乡交通网络逐步完善，国省道覆盖乡镇比例达到60%以上，城乡居民出行更加便捷。

2. 全市交通通达能力显著提升

从以主城核心区为中心的“一日交流圈”和“一日到达圈”可达性评价分析可以看出（见图2-34），通勤圈的范围主要沿高速公路向外拓展，在同等距离的情况下，有高速公路经过的区域可达性明显改善，高速公路以其行车速度快、线路直对于重庆平行岭谷地形区域可达性影响较为明显。

“一日交流圈”范围（4小时到达圈）覆盖了重庆大部分区域，面积占大约70%，只有远离主城区的大巴山区、武陵山区未进入“一日交流圈”范围，包括城口、巫溪、巫山、秀山及开县、云阳、奉节、酉阳部分区域，但都进入了“一日到达圈”（8小时到达圈）范围。

“半小时通勤圈”范围涵盖都市九区及璧山、江津中心城区；“一小时通勤圈”涵盖了渝西片区大部分区县域（除涪陵、潼南部分区域外）；“两小时通勤圈”涵盖了渝西片区绝大部分区域及垫江、梁平、丰都、武隆城镇中心。

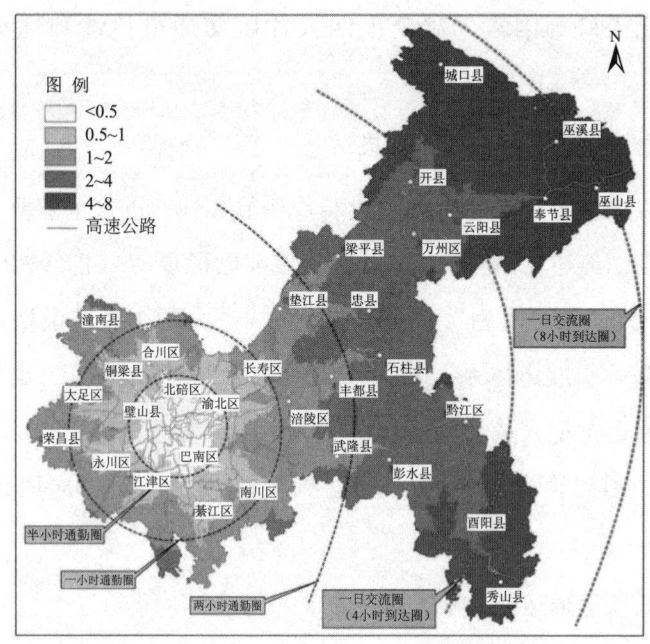

图 2-34　基于重庆主城核心区可达性分析

第三章
Chapter 3

未来影响重庆城镇与产业格局优化的主要因素

一、全球产业和城镇化呈现新动向和新趋势

世界经济正处于国际金融危机引发的大调整与大变革的进程中，以信息技术、生命科学等为代表的科技创新引发的产业革命正日益显现，有利于重庆在较高起点上，形成高能级的现代产业体系。工业 4.0 浪潮兴起以及全球化、区域合作格局的变化，将使得全球产业体系重构步伐逐步加快，有利于重庆在战略性新兴产业领域拓展和业态创新方面创造后发优势，迅速推进产业集聚，并推动全市产业进一步优化布局。与此同时，智能化、绿色化、低碳化、集群化成为世界城镇化发展的新趋势。城市空间从都市圈向城市群，甚至更大范围更高层次的大都市连绵带演变趋势越来越突出，这有利于重庆各区域城市之间开展不同形式、不同层次的合作，充分发挥特色优势产业，与区域内所有城市形成优势互补、联动发展的态势，促进区域城市一体化发展。

二、全国区域开发开放新格局逐步形成

重庆处在“一带一路”、建设长江经济带两大战略“Y”字形大通道的联结点上，是成渝经济区和成渝城市群的重要纽带。随着国家向西、向南开放战略地位在全国对外开放格局中的提升，重庆作为西部开发开放重要支撑和西部中心枢纽的作用将日趋凸显。重庆凭借地处丝绸之路经济带和长江经济带联结点的独特地理区位优势，向东可依托长江黄金水道，加强与长江三角洲经济圈的联系，积极参与区域间的分工与合作，充分发挥各自特色优势产业，实现共赢；向西依托“渝新欧”国际贸易大通道和空铁水国家口岸等国家级开发开放平台，将开放的触角延伸到欧洲以东的整个东欧、独联体和西亚区域，形成以线带面的大贸易、大交换、大开放的新格局。

三、交通区位和口岸枢纽条件持续改善

交通区位条件的改善、物流枢纽的建设、运输成本的降低是城市空间布局及产业发展的基本动力和基础条件。综合性、网络化交通基础设施将加速区域之间人流、物流、资金流、信息流的传送，大大降低人流、物流运输成本，提升区域间资源整合及区域整体运营效率。

随着重庆交通建设“三年会战”工作方案的深入实施，未来重庆将形成“一大四小”机场格局、“一枢纽十一干线二支线”铁路网、“三环十二射多联”高速公路网、“一干两支四枢纽九重点”内河航运体系，全面实现公路“4小时重庆”目标以及铁路“4小时周边、8小

时出海”目标。此外，公铁水空枢纽+保税（港）区+口岸的“四个三合一”口岸平台体系功能，以及国家级互联网直联点的口岸枢纽功能也将充分释放，引导区域各类资源要素的集聚、中转和扩散。

四、原有第二、第三产业布局基础

产业空间布局演变和发展一般具有“路径依赖”特点，即产业空间布局具有历史继承性，已经形成的产业空间结构对产业布局调整和优化具有重大影响。一般来说，原有产业基础较好的地区进一步发展时，可以利用原有的基础设施，在原地对产业进行空间整合的效率更高，并可以释放集聚效应。重庆现有的国家级开放口岸、国家级开发区以及中央商务区等现代服务业集聚区均集中在主城片区，它们仍将是下一阶段高端产业集聚和空间优化的基础。

与此同时，渝西片区的工业园区也各具特色和发展潜力，一些物流枢纽工程、特色产业项目相继落地，形成了未来产业空间布局调整和优化的基础。而渝东北、渝东南片区在发展资源利用产业方面已具备一定基础，但开发方式和手段还较为粗放，未来在提高发展质量和效益方面要加强建设。

五、当前城镇和产业布局仍面临诸多问题

（一）产业发展布局亟须优化

1. 产业集群发育不足，有聚无集现象突出

重庆市以“6+1”重点产业为代表的产业空间布局从市域范围

内来看基本保持“西高东低”的态势。重庆西部区域以主城片区为中心，渝西片区为外围，呈现出由中心向外扩散辐射特征的“圈层”结构。

除此之外，主城片区产业向北、向西扩张态势比较明显，渝西地区的“6+1”产业企业数量和从业人数均表现出显著的集聚特征，表现为产业发展热点区域，并有与主城内环以外区域连片发展的趋势，这说明渝西片区作为重庆工业化最活跃的地区，其承接主城片区产业转移的功能进一步得到发挥，产业特别是工业的发展势头强劲。

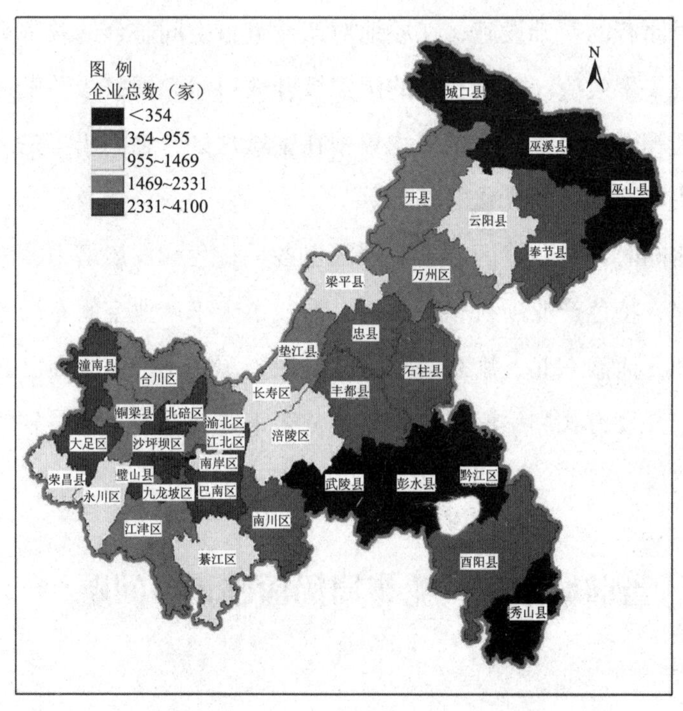

图 3-1　全市各区县“6+1”重点产业企业数量和从业人员数量分布

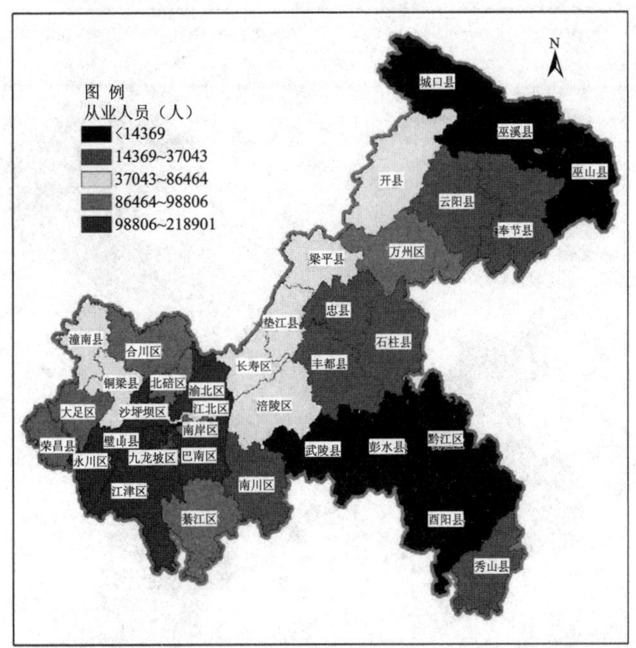

图 3-1　全市各区县“6+1”重点产业企业数量和从业人员数量分布（续）

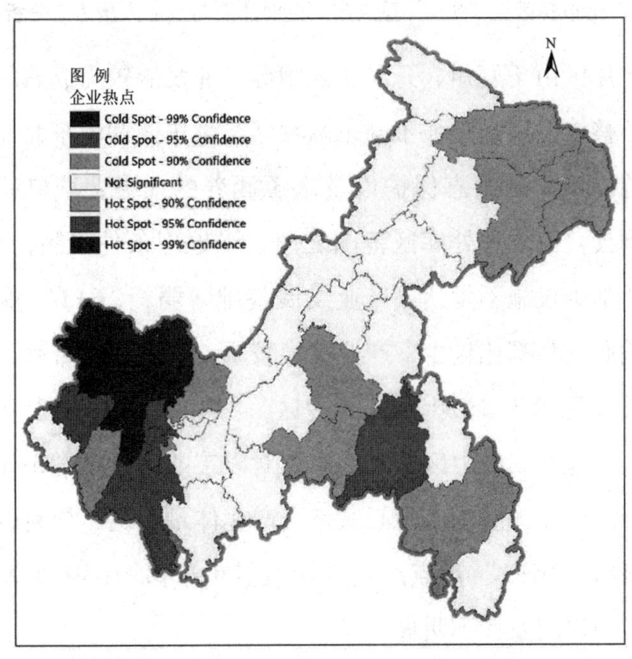

图 3-2　全市各区县“6+1”重点产业企业热点与从业人员热点分析

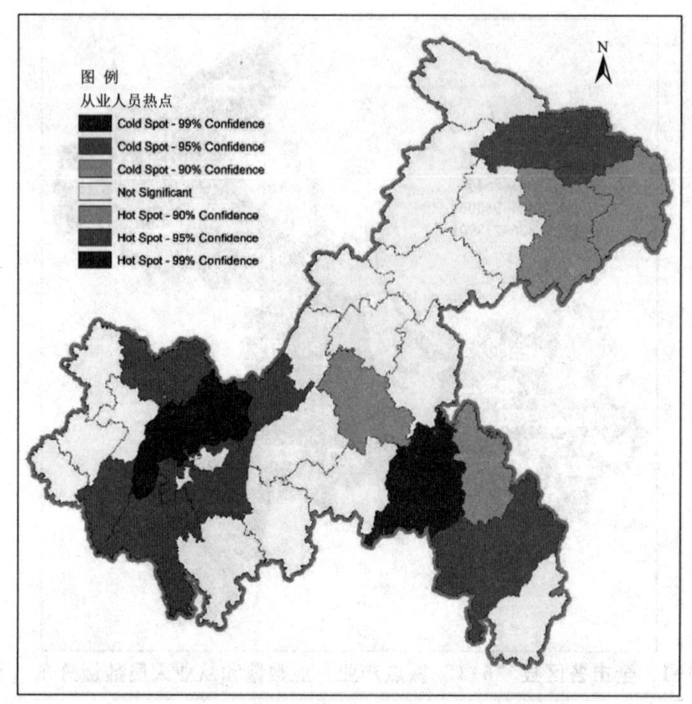

图 3-2　全市各区县“6+1”重点产业企业热点与从业人员热点分析（续）

渝东北片区由于万州、开县、云阳等产业发展较为成熟的区县带动作用明显，整体发展水平强于渝东南片区。渝东南和渝东北片区由于担负长江上游以及库区生态保护以及水源涵养的任务，城口、巫溪、奉节、巫山等县，由于地处库区范围之内，受地理条件限制，高速公路、铁路等交通基础设施不发达，产业发展基础薄弱，“6+1”重点产业企业数量和从业人数都比较少，产业规模较小，发展相对滞后，在聚合度热点分析图（见图 3-2）上均落入冷区，“点上开发”力度不够。渝东南大部分地区地处武陵山区，自然禀赋对以工业为主的“6+1”产业支撑较弱，黔江区作为渝东南中心城市，产业体量不足，与周边各区县相比优势不突出，“6+1”重点产业企业数量少于酉阳，从业人数少于秀山，核心带动作用发挥不明显。

从“6+1”重点产业内部来看，汽摩、装备制造产业对于发展基础要求较高，零配件、物流运输等产业链企业通常邻近生产企业或者厂房布局，表现出较强的集聚特征。对于材料以及能源产业，由于其资源特性明显，产业空间布局呈现显著的分散特征。高技术产业主要包括计算机、通信与医药等产业门类，虽然计算机与通信设备产业发展基础要求高，产业链呈现强集聚性，但由于医药产业涵盖内容较为广泛，既包括化学原料药及试剂，也包括中医药、中成药，各区县具备的产业发展资源较为丰富，因此从人员数量看，全市各区县高技术产业呈现一般集聚特征。轻纺食品产业与高技术产业类似，各片区均具备一定发展基础，在空间结构上呈现一般集聚特征。天然气石油化工产业因为技术的不断进步和发展理念的不断更新，正由最初的高污染、高能耗传统产业向当前新型低碳环保产业转变，加上渝东北、渝东南片区页岩气开采、存储、加工相关产业逐步发展，亦呈现出集聚特征（见图 3-3 至图 3-6）。

图 3-3　重庆市汽摩、装备制造产业从业人数分布

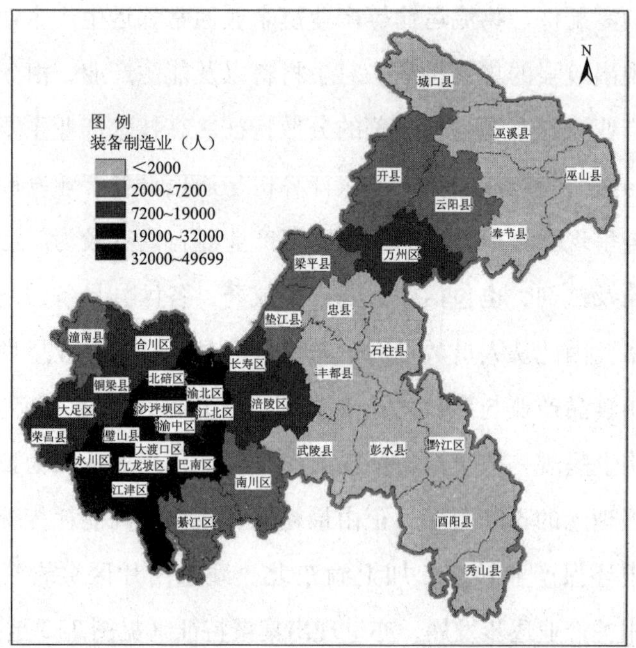

图 3-3　重庆市汽摩、装备制造产业从业人数分布（续）

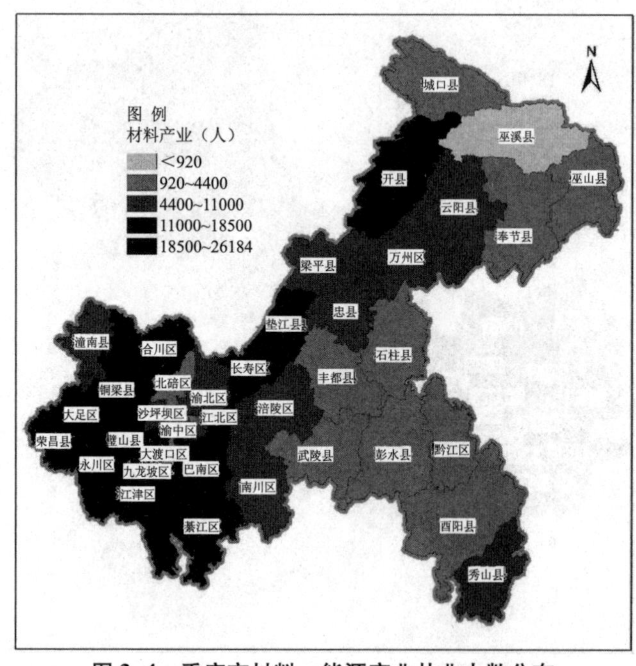

图 3-4　重庆市材料、能源产业从业人数分布

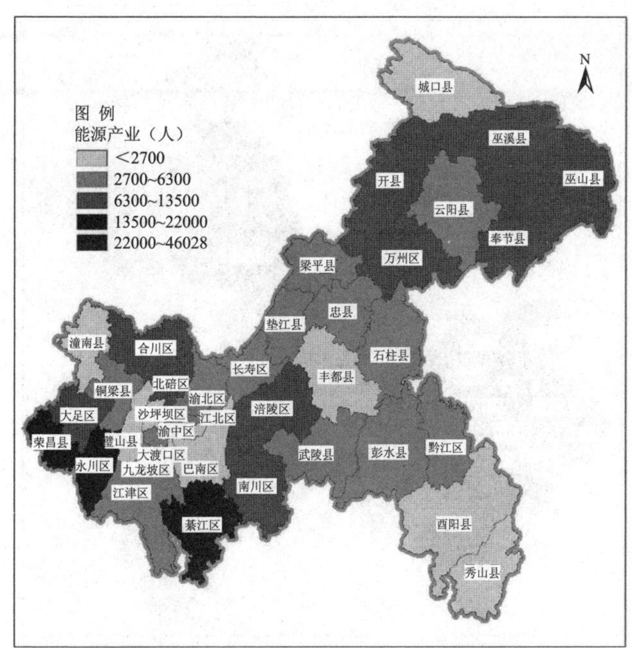

图 3-4　重庆市材料、能源产业从业人数分布（续）

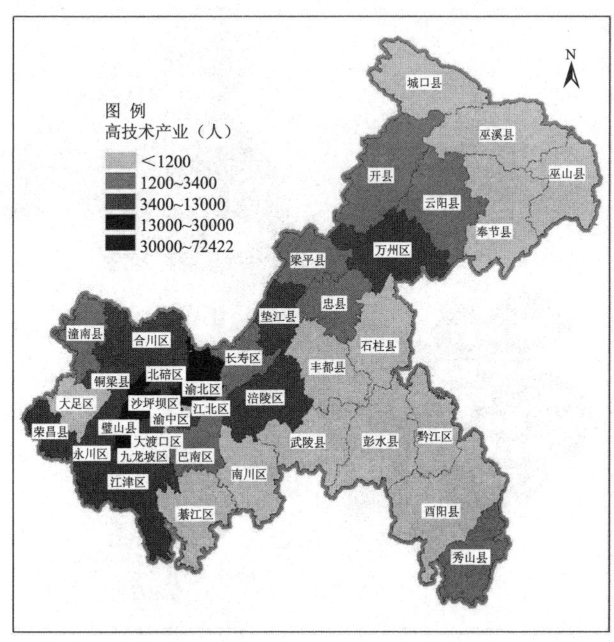

图 3-5　重庆市高技术、轻纺食品产业从业人数分布

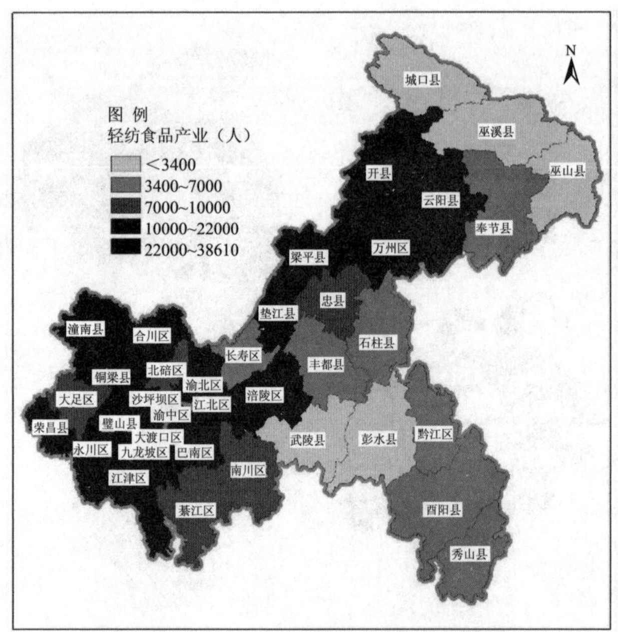

图 3-5　重庆市高技术、轻纺食品产业从业人数分布（续）

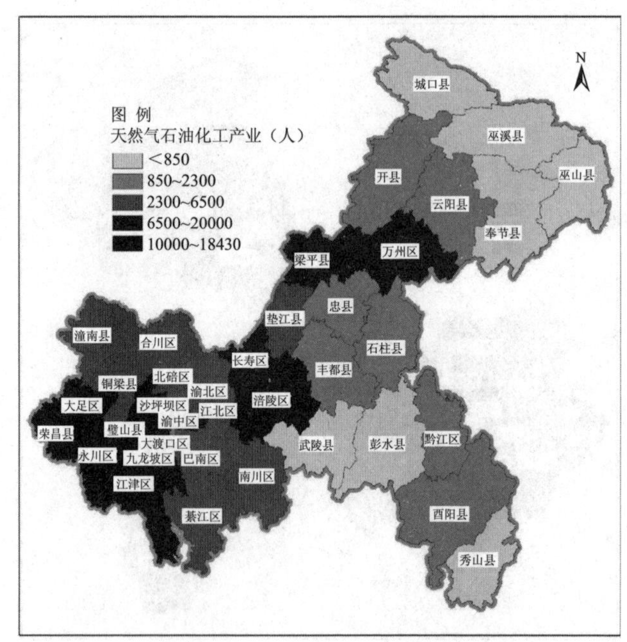

图 3-6　重庆市天然气石油化工产业从业人数分布

表 3-1 “6+1”重点产业全局空间自相关性列表

产业	全局自相关指数（Moran's I）Z 值	含义
汽摩及零部件产业	4.56	显著集聚
天然气石油化工产业	3.05	一般集聚
能源产业	1.11	显著分散
高技术产业	2.12	一般集聚
轻纺食品产业	1.83	较为分散
装备制造产业	4.62	显著集聚
材料产业	3.17	一般集聚

作为“6+1”产业发展重点区域，主城片区和渝西片区产业布局多是以工业园区、各类开发区为载体的地理空间聚集，集群内部制造业与生产性服务业之间、片区之间尚未建立有效的分工协作机制，产业发展基本处于各自孤立的“点状”空间结构状态，跨区域间“带状”协同协作产业片区尚未建立，有聚无集的现象比较突出。一方面，生产性服务业发育滞后，还不能有效支撑起制造业的发展。即使在西永微电子产业集群，仍然存在相关行业之间产业协作配套能力不强，对关联产业带动不够、不足的情况。另一方面，渝西片区虽然承接了主城片区的许多产业，但引进之后仍旧是产业的简单复制和再造，与主城片区优势产业，特别是金融、贸易、物流等产业之间缺乏有效的互动与协作，第三产业对于整体产业，特别是工业发展的杠杆效应表现不明显（见图 3-7）。

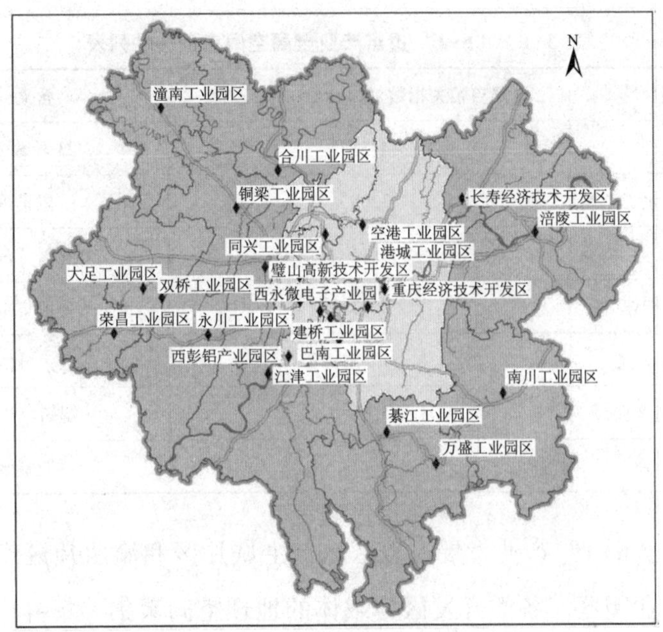

图 3-7 主城片区和渝西片区主要开发区、产业园区

2. 产业布局与各片区资源禀赋、环境承载能力不协调

重庆市产业布局与四大片区土地资源、环境承载能力的协调性有待进一步加强。

主城片区内环以内城市建设、产业发展相对成熟，土地开发时间长，剩余开发潜力不足。一方面是不断升级的产业对于资源承载力、土地投入产出比的更大需求，另一方面是受制于自然环境而日渐匮乏的开发潜力，以金融服务、国际商务、高端商贸、文化创意、都市旅游为主的现代服务业发展对于生态环境以及土地资源集约利用提出了更高要求。

主城片区内环以外虽然从总体上看可供开发土地资源量高于内环以内，但其产业发展要求也高，“一区两片”的产业布局以及六大新兴服务业集聚区的空间结构将有效衔接主城片区内环以内、渝西片区产业过渡与融合。另外，作为城市重要生态屏障的“四山”以及水体生态廊道的“两江”贯穿整个区域，生态保护、环境治理任务重、压力大。两者相互作用而形成的矛盾关系需要采取更加协调的方式进行解决。

渝西片区工业规模迅速扩张，已经成为全市工业增长的重要支撑。但是，这只是粗放的量的积累，渝西片区工业整体仍处在简单加工等低端水平，尚未形成强势，真正集聚技术研发、处于价值链高端的工业大多布局在主城片区。然而，目前主城片区的人口、土地等承载能力已接近饱和，产业发展空间尤其是工业发展空间极为有限，其产业布局与资源禀赋不协调，缺乏前瞻性。

渝东北和渝东南片区因为受到资源禀赋和土地承载能力的限制，总体开发程度不高，开发强度却相对较高，剩余土地开发能力总的来说较低。随着产业发展的不断推进，全市土地资源以及生态承载能力面临巨大的挑战，特别是渝东北、渝东南片区，生态保护压力将不断增大。“保护”与“开发”两者之间关系显得更加紧张，提升产业发展速度和效益与减小对于自然生态环境带来的扰动和影响之间的矛盾更加突出。“十三五”期间是重庆市四大片区产业差异化发展以及基础设施提速建设的重要时期，交通、水利、重点产业等一大批重大工程项目以及产业项目将陆续开工建设，将加重生态环境和极其有限的资源的承受压力。重庆既要优化主城片区的产业发展，突出解决渝西片区工业化、城镇化快速推进中的环境污染治理问题，又要强化渝东北以及渝东南片区的生态涵养保护。因此，将来产业发展对于生态环境挑战较大（见图3-8）。

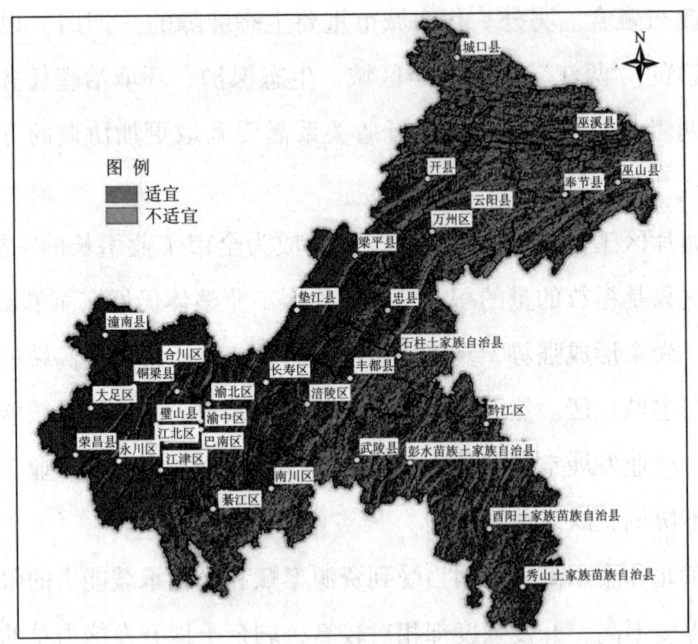

图 3-8　重庆市土地最大、最小开发潜力分布

3. 产业特色优势不突出，各区县产业同质化现象明显

重庆各个区县工业园区较多，但产业特色不鲜明，各工业园区同质竞争现象比较突出。以主城片区和渝西片区为例，除主城片区内环以内由于受到产业政策、土地资源、环境保护等方面的限制，不宜建设工业园或产业开发区之外，重庆所有国家级开发区均位于该区域内。不仅如此，渝西片区各区均建设有工业园区。

重庆市虽然对各园区产业进行了定位，但实际招商和管理都归各区县。但其各自为政，从自身利益出发，忽视自身优势，盲目追求产业的“齐全”，互相争项目，造成区县产业结构趋同现象严重，各园区的产业特色不够突出，差异化发展格局难以形成。导致产业培育成效不足，难以将产业真正做大做强，无法支撑区域未来发展，对周边地区的辐射带动作用也较弱。

从重庆市“6+1”重点产业从业人数区位商计算结果可以看到，除能源产业与材料产业外，以其他 5 大重点产业作为优势产业的区县数量较少，表明各个区县在“6+1”产业发展方向上用力较为平均，缺乏重点，同质化现象比较突出。

表 3–2　各区县“6+1”重点产业从业人数区位商

“6+1”产业名称	从业人数区位商大于 2 的区县
轻纺食品产业	共 1 个：潼南县（2. 39）
能源产业	共 11 个：渝中区（6. 89）、綦江区（4. 2）、永川区（2. 49）、南川区（2. 08）、城口县（2. 98）、武隆县（3. 01）、奉节县（5. 1）、巫山县（5. 42）、巫溪县（5. 56）、石柱县（2. 77）、彭水县（3. 9）
材料产业	共 12 个：大足区（2. 3）、长寿区（3. 43）、合川区（2. 46）、南川区（2. 64）、潼南县（2. 02）、城口县（5. 01）、丰都县（2. 19）、垫江县（2. 38）、忠县（2. 48）、开县（2. 84）、秀山县（4. 73）、酉阳县（2. 73）
天然气石油化工产业	共 3 个：涪陵区（2. 10）、长寿区（3. 13）、梁平县（2. 66）

续表

“6+1”产业名称	从业人数区位商大于 2 的区县
高技术产业	共 1 个：沙坪坝区（3.84）
汽摩及零部件产业	共 2 个：大渡口区（2.16）、江北区（2.39） 注：渝北区为 1.91
装备制造产业	共 1 个：北碚区（2.29）

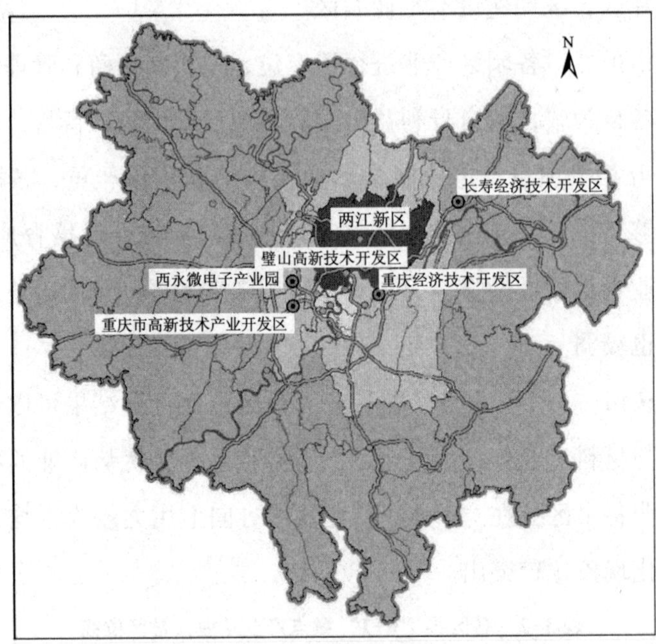

图 3-9　主城片区和渝西片区国家级产业园分布

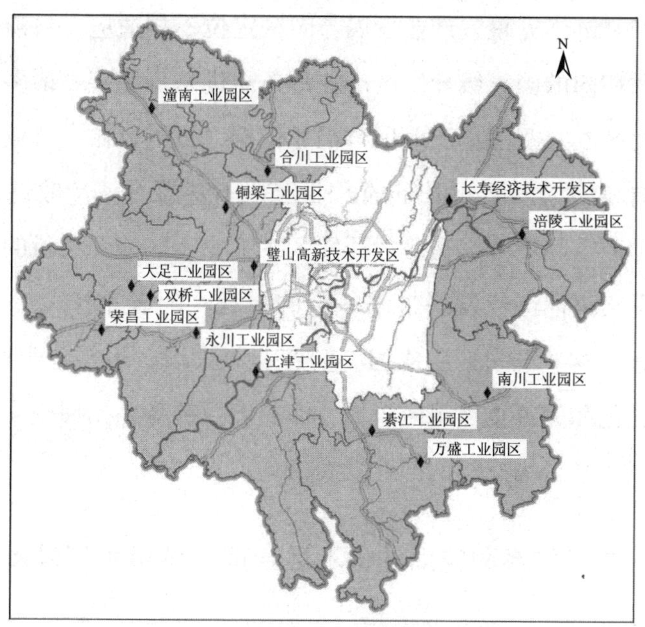

图 3–10　渝西片区产业园分布

(二) 重点园区布局和发展定位还需优化

国家级开发区重点集中在主城片区内环以外，渝西、渝南板块缺乏国家级开发区支撑，重庆工业园区及产业开发区空间布局需要进一步优化。目前，重庆有国家级开发区 6 个，主要集中在主城片区及渝西片区东部板块，在国家级开发区的带动下，这些地区产业发展较好（见图 3–9）。相对而言，渝西片区五大板块除涪陵—长寿板块之外，其他地区尚未有一个国家级开发区布局，双桥、万盛经开区本身经济体量小，且产业基础不够雄厚，辐射能力不强，难以撬动区域产业发展。其他市级特色园区虽都在加快发展，但均局限于各区内，产业外溢效应较弱，难以带动周边地区产业发展（见图 3–10）。未来，千万人口、千平方公里的“一小时经济圈”将逐渐形成，迫切需要有较强带动力的开发区辐射带动这些板块，促进“一小时经济圈”产业发展和集聚。

园区产业链不完整，产业发展与园区定位不相适应。目前，重庆包括两江新区在内的国家级开发区产业链条需进一步完善。诸多国家级产业园、开发区的某些落地产业项目仍显低端，虽可以做大产业规模，但其发展方向与国家层面所赋予的产业定位不甚符合，产业链条相对较短，两端延伸空间不够，与普通开发区、工业园区争夺项目的情况依旧存在，给重庆整体产业发展带来一定的损耗。随着重庆“一小时经济圈”的打造，这些开发区应成为高端产业集聚地，引领全市产业发展，如不继续优化和完善重点园区布局，深挖产业链条，拓展空间，难以形成以重点产业平台为支撑的产业发展格局。

（三）城镇体系和空间结构不尽合理，城镇集群发展尚未成型

1. 城镇等级体系中缺少次级城市支撑

重庆未来将被建设成为千万人口的国家中心城市，但主城片区首位度过高，城镇体系中还缺少次级城市的支撑。主要表现在两个方面：

一是在渝西片区缺少一批具有一定规模的卫星城市，难以从功能配套、产业支撑、城市服务等各方面为重庆城市的快速发展提供支持；渝东北片区除“万—开—云”板块城镇体系相对成熟以外，其他各区县均较弱，而渝东南片区中心城市发展普遍相对滞后。

二是在重庆四大片区边界处，特别是与周边省份交界的区域板块，还缺少具备一定规模、具有较强综合服务功能的区域中心城市，不能很好地向周边区域传导重庆作为国家中心城市的辐射带动作用。

2. 城镇空间分布具有明显“强心弱边”的格局

重庆城镇发展的总体格局并不均衡，以渝西片区为例，西部板块具有明显的优势，其中等以上城市明显多于东部板块、南部板块和北部板块。

西部板块有永川、江津、荣昌、潼南、大足、铜梁、璧山等重要城

市，县级以下的中心镇、小城镇发展基础也相对较好。

东部板块有涪陵、长寿两座重要城市，虽然数量不多，但发展基础和势头总体不错。

南部板块的綦江、万盛经开区、南川在发展中面临的困难较大。

北部板块的合川虽定位为区域中心城市，发展势头却明显不如该区域内的其他几个区域中心城市。

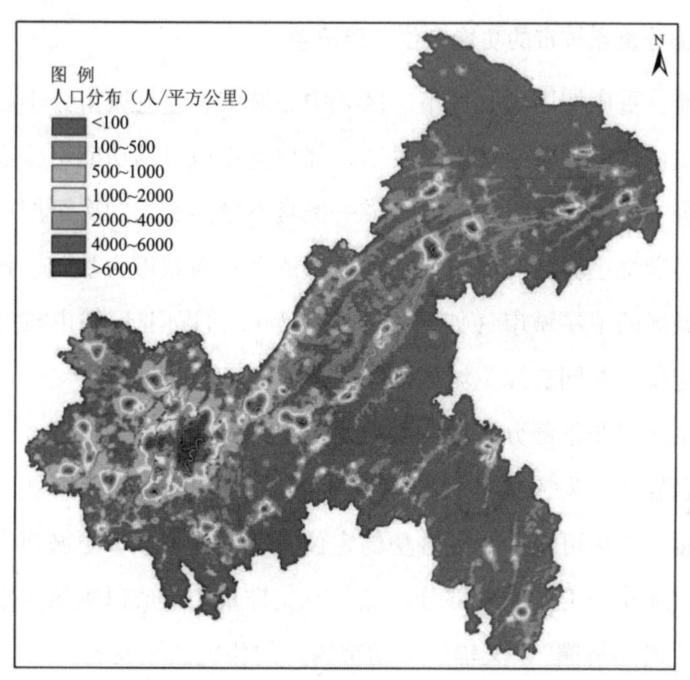

图 3-11　重庆市人口分布

3. 尚未形成完全融合发展的城镇集群

受到城市体系存在断层、城镇空间分布不均、交通基础设施不完善等客观因素制约，目前重庆还没有形成完全一体化融合发展的城镇集群，城镇化轴线战略空间架构纵深开发不足，仅在部分相邻区县之间存在一定的互动发展。

究其原因，既有以上所说的缺少次级城市支撑而存在城市体系断层、城镇空间分布不均等客观因素的制约，更有交通等基础设施尚不完善、现有交通方式不能有效支撑“一小时经济圈”发展的原因。目前已经建成的成渝、渝万高铁将有效促进该区域一体化城镇集群的形成和培育，但其他各种基础平台都还需要结合未来区域城市化发展需要来进行科学地规划和建设。

4. 部分重点城市的功能定位有待调整

目前，重庆按照中心城市、区域中心城市、区县城市、小城镇等层次进行定位，但随着经济不断发展，部分重点城市的功能定位需要进行与时俱进的调整，重点是推动形成一批具有较强实力的次级城市。

一是围绕主城区发展需要，以近郊的区县级城市为基础，科学规划建设主城区的卫星城市（如铜梁、綦江等），不同卫星城市按照不同特色进行定位，共同支撑主城区加快发展。

二是适当调整部分区域中心城市的定位，如江津现在已经逐步向主城区融合发展，未来更适宜作为主城区的重要卫星城和拓展区域；永川、涪陵、合川可以给予复合型的定位，在发挥区域中心城市作用的同时逐步增加作为卫星城的部分功能，既支撑重庆形成以主城为中心的整体“一小时经济圈”，又辐射带动市内外的相关区域发展。

（四）产业与城镇发展互动不够，产城发展不相匹配

1. 城镇等级与支柱产业层次不相匹配

城镇等级与产业层次应该是相关联的。目前重庆内部还存在部分城市自身规模和定位与产业基础不相匹配。如长寿区，现在已经拥有国家级开发区，材料、化工等产业在重庆的地位也比较重要。未来，随着产业不断发展壮大，需要有相应等级的城市进行匹配，但是目前长寿城市

等级尚不及涪陵等中心城市，难以承担产业发展所需要的城市基本服务功能。相反，涪陵、江津、永川、合川等中心城市，没有布局国家级开发区，更没有对应规模的产业作为支撑，长期下去，这些城市难以成为重庆的经济支柱。

2. 城镇群与产业群不够协调

随着国家中心城市建设的深入推进，重庆的产业和城镇发展将加速，迫切需要对应的产业平台与城镇分布相衔接。汽摩、电子信息、装备制造等产业集群较集中的主城片区和渝西片区，大中小城市之间的经济联系、人口流动较为紧密，但材料、轻纺等产业集群较集中的渝东北、渝东南片区，城镇之间的联系却比较少，发展相对孤立，城市群发育与产业集群相比较为滞后。

3. 产业与城镇职能、功能定位不匹配

主城片区作为国家中心城市、现代化城市的主要载体，金融、研发、商务等高端服务业发展还不足。渝西片区作为重庆工业化城镇化最活跃的地区集聚技能人才、高端制造业的规模和能级还不够，与产业发展相配套的生产性服务业、服务于人民生活的公共服务业发展还不足。渝东南和渝东北片区是旅游休闲养生的功能区，交通、能源、市政等城市配套基础设施建设严重滞后，住宿、餐饮、娱乐、会议等服务业发展也很粗放。

（五）区域交通网络发展不协调，交通支撑能力还有待提升

1. 区县内部交通通达能力相对不足

从以各区县城区为中心的可达性评价分析可以看出，渝东北的大巴山区及渝东南的武陵山区由于地理环境因素及投资政策等原因，只有几

条放射状的高速公路，各区县之间缺乏网络状的互联互通高速公路，且内部交通基础设施建设相对滞后，县乡道路路网密度小，总体可达性相对较差。渝东北区域内，地处三峡库区的巫溪、城口等县尚未通铁路；渝东南地区内地处武陵山区的酉阳、彭水部分地区可达性仍旧不高，未来需要提升其与主城、渝西片区之间的通达能力（见图3-12）。

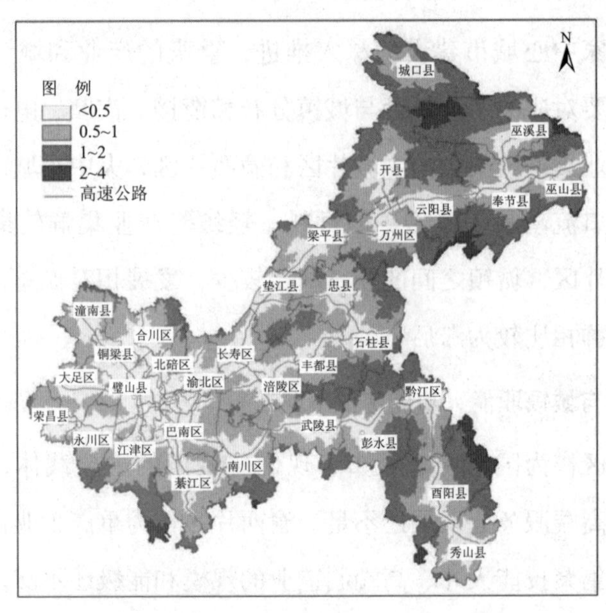

图3-12　基于各区县中心城区的可达性分析

2. 交通优势度存在结构性矛盾

通过交通优势度评价（见图3-13）可以看出，主城、渝西片区向东连接长江经济带、向东北经渝新欧连接丝绸之路经济带的交通优势度较为明显，但向西连接成渝城市群、向西南经云南连接中印孟缅经济走廊、向南经贵州和广东连接海上丝绸之路的交通优势度还不明显。从交通可达性来看（见图3-14），渝西片区各区县向中心连接主城片区还有很大一部分不能实现一小时通达；同时，渝西片区各区县之间的快速连接干线也较为缺乏，交通网络有待进一步优化。渝东北、渝东南片区到周边省市的高速公路发展滞后，不利于与周边城市合作，共同推进区域一体化和大旅游经济圈形成。

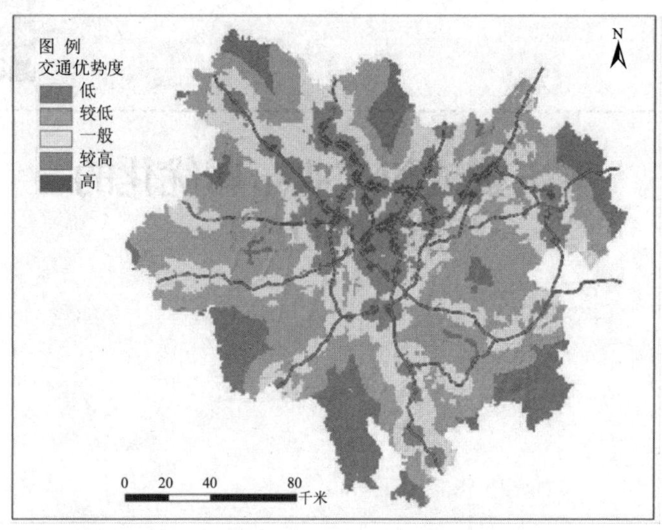

图 3-13 主城片区和渝西片区交通优势度评价

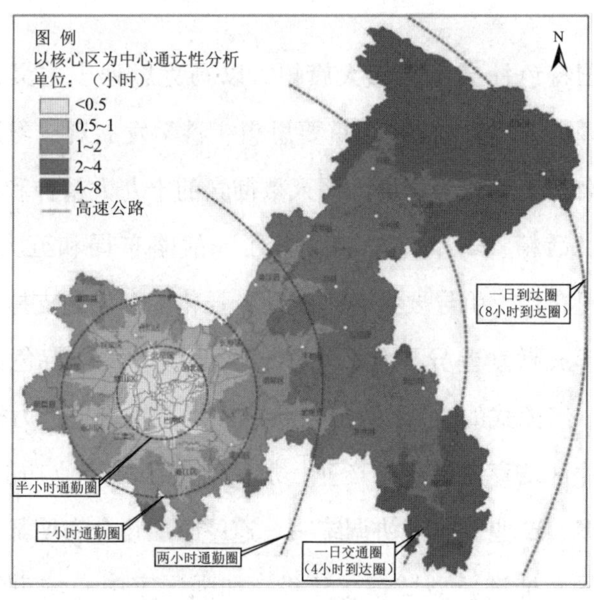

图 3-14 重庆市交通可达性分析

第四章
Chapter 4

重庆城镇和产业布局优化的思路和方向

一、总体思路

高举中国特色社会主义伟大旗帜，以马克思列宁主义、毛泽东思想、邓小平理论、“三个代表”重要思想、科学发展观、习近平新时代中国特色社会主义思想为指导，深入贯彻党的十九大精神和习近平总书记系列重要讲话精神，坚持“四个全面”战略布局和五大发展理念，优化产业空间布局，引导要素合理流动，强化配套设施支撑，促进产城深度融合，形成梯度差异显化、功能分区明确、发展特色鲜明的多中心、多轴带、组团式的“环形+放射状”圈层及轴带生产力格局。

引导各片区培育发展主导产业，加快形成区域产业功能定位合理、产业集群集聚、产业链分工协调统一、逆序圈层化分布明显的四大片区产业格局；深入推进新型城镇化建设，加强国家中心城市辐射带动作用，培育发展次级中心城市以及中小城镇，构建功能齐备、层次分明、联通紧密、绿色自然的现代化城镇格局；强化人口流动引导政策总体设计，着力构建人口、经济、社会、自然生态相互协调的可持续发展良性路径和长效机制，引导人口按照区域产业发展合理流动。全面提升各片区重大基础设施互联互通水平，构建顺畅、高效、融合的基础设施保障体系。

二、基本原则

（一）非均衡协调发展原则

坚持把协调作为持续健康发展的内在要求，加快形成区域特色鲜明的功能板块，促进整体功能的发挥。综合考虑各板块自然资源环境承载能力，突出主城片区的经济“领头领跑”功能，重点布局具有国际国内竞争力、展示国家中心城市形象的产业和城市功能；渝西片重点发挥重庆经济增量保障功能，进一步完善基础设施和保障体系、公共服务体系和社会保障体系，确保其动能完全释放；渝东北和渝东南片区重在减少粗放发展的动力和生态环境的压力，选择部分适宜的“点”重点，探索特色绿色发展道路。各片区的协调性、互补性得到增强。

（二）产城融合原则

根据功能定位选择性布局优势和特色产业，并通过产业的集聚推动人口的流动和集聚。主城片区着力于集聚发展与国家中心城市地位相适应的高端产业和城市功能，集聚高素质人才，主城片区内环以内向外适度疏解超载人口，体现“质”的提升。渝西片区通过产业发展提供充足的非农就业岗位，加大公共服务供给，体现“量”的提高。渝东北、渝东南通过将超过区域承载能力的产业和人口适度向外疏解，促进

“点”上城镇的培育和发展。通过产城互动和融合发展，使产业集聚和人口集聚之间形成良性互动、互补、互促的内生发展机制，实现“以产兴城、以城带产、城乡统筹”的发展目标。

（三）绿色发展原则

生产力布局要充分考虑生态环境的承载能力，谋求经济与人口、资源、环境、社会的协调发展。主城片区要通过产业和人口结构调整着力推进减量化、低碳化发展；渝西片区作为产业和人口发展最活跃的区域尤其要注重循环化建设和改造；渝东北和渝东南片区首先要涵养和保护好生态环境，坚持“面上保护、点上开发”的理念，并且“点”上的产业选择和开发方式也必须以符合生态环保要求作为前提。

三、优化方向

以加快建设国家重要现代制造业基地、国内重要功能性金融中心、西部创新中心和内陆开放高地，充分发挥丝绸之路经济带西部重要战略支撑和长江经济带西部中心枢纽功能，基本建成以长江上游地区经济中心为目标，大力提升统筹城乡发展的国家中心城市功能，努力构建区域特色鲜明、功能分区明确、产业协同一致、城镇体系健全、人口分布合理、基础设施发达、逆序圈层显化的多中心、多圈层总体生产力空间结构，着力突出传统支柱产业、战略性新兴制造业和战略性新兴服务业带动作用，依托大型交通基础设施，与内部轴带式、组团式融合发展的重点产业链、城镇群相结合，形成“环形+放射状+组团状”，涵盖产业、城镇、人口、重大基础设施等相关要素的大生产力格局。

（一）继续深化产业功能分区，产业空间布局向“多中心”“分组团”形式拓展

“中心—外围”理论表明，在区域间经济发展关系中，中心城市为区域产业发展的核心，具备很强的辐射带动能力，而区域性中心城市实现产品差异化和规模经济所形成的部门内分工，小城镇则承担联系城乡产业链条的初级加工与市场中转功能。

在此基础之上，根据区域增长极理论“极化—扩散”的思想，重庆未来应在现有产业基础上，紧扣供给侧结构性改革具体要求，进一步完善和细化各片区产业定位，进一步推进产业转型升级，进一步优化产业空间布局，各有侧重地引导各片区培育发展主导产业，合理有序地将主城片区承担的制造业功能逐渐向周边卫星城、次中心分散，重点加快主城区周边的永川、长寿、涪陵、铜梁、綦江等战略支点型卫星城以及万州次中心产业发展，支持黔江形成新的产业次中心，逐步引导三次产业分别向多中心组团分片集中，最终形成主城片区内环以内以现代服务业为主、主城片区内环以外以战略性新兴产业为主、渝西片区以先进制造业为主、渝东北和渝东南片区以特色农业与现代旅游业为主的多中心分片布局模式。

（二）重点加快产业集群培育，有效提升主要行业产业集聚度

产业集群理论认为，在特定区域中的关联企业通过区域可集聚形成有效的市场竞争，构建出专业化生产要素优化集聚洼地，使企业共享区域公共设施、市场环境和外部经济，降低信息交流和物流成本，形成区域集聚效应、规模效应、外部效应和区域竞争力。

当前，重庆在产业空间发展过程中应积极引导产业专业化集群发

展，以协调产业功能分工和产业结构调整，夯实产业基础，通过产业合理分工有效促进重点行业产业集聚度提升。重点发展主城片区内环以外西部板块、南部板块以及渝西片区合川—铜梁—潼南、永川—荣昌—大足等先进装备制造业集群，加快发展以两江新区为核心区域，覆盖高新区、经开区、西永综合保税区和大学城的战略性新兴制造业集群以及以两江新区为核心区域、覆盖主城片区的战略性新兴服务业集群。

争取到2020年，主城片区内环以内服务业增加值区位商由2015年的1.7上升到1.9，主城片区内环以外战略性新兴产业增加值区位商达到1.7以上，渝西片区工业增加值区位商由2015年的1.2增加到1.3，产业集聚程度进一步提高①。

（三）合理优化城镇空间结构，促使轴状产业密集带向产业走廊演变

产业密集带是城市群产业空间分布的主要支撑骨架，是指产业在城市群地域空间内沿着各种基础设施特别是交通要道呈现带状的高度集中分布，形成庞大的空间系统，对周围地区产生强大的辐射力和吸引力。产业密集带借助专业分工与合作，带动上下游企业的产生与发展，形成生产要素互补、产业配套、城市产业园区合理分工的产业布局，打造高级产业链。在城市群及其产业发展过程中，产业密集带的发展通常呈现轴向扩张模式。

当前，重庆四大片区沿交通线走向、流域关系已经形成产业密集带，产业链的发展也蕴含其间并初具规模。依托水、公、铁、空立体交通体系的完善，串联大小各类“点状”产业组团形成“放射状”

① 产值区位商0.8~1.2为潜在优势行业，1.2~1.5为显著优势行业，1.5以上为绝对优势行业。

点—轴布局形态，加速产业链条有效整合。积极对接成渝城市群规划，推动主城片区以及渝西片区一体化发展，建设具备“一核多卫”空间特征且相互衔接、相互融合的“一小时经济圈”。通过构建空间分布合理、城镇层次分明的城镇空间格局，加快轴向产业密集带向产业走廊的演化，带动城市群整体产业空间持续优化，区域经济功能不断增强。建设渝东北城镇群和渝东南城镇群，推进区域内重点板块的一体化发展进程，围绕“6+1”传统优势产业、战略性新兴产业以及特色农业产业链条，重点打造渝东北沿江特色经济带以及渝东南生态经济走廊，推动渝东北沿江绿色发展示范区、渝东南武陵山绿色发展示范区快速发展。

（四）优化产业空间梯度链，推进形成逆序圈层化总体空间结构

梯度转移学说表明，产业循环周期顺序将借助城镇系统从高梯度区向低梯度区推移。当前，重庆市域内已经初步形成了三大具有明显梯度差异的产业区域，今后依照四大片区产业发展定位，从各区县开发密度、开发潜力、生态承载力等情况出发，坚持全市及各区域绿色发展本底，继续调整市域内的产业空间布局，从城市中心向外围形成有梯度的级差化产业空间结构。

遵循产业转移和经济发展的一般规律，产业在城市群中由“一、二、三”的产业发展次序，转向“三、二、一”圈层化的逆序圈层分布形态已经初显。其中，主城区内环以内将继续推进“退二进三”战略，集中力量培育金融服务、国际商务、高端商贸、文化创意等现代服务业，形成第三产业集中发展高地。

主城区内环以外以两江新区、“四个三合一”等重要开发开放平台以及新城建设为重要支撑，大力发展战略性新兴产业与口岸经济，有效

提升城镇化水平，是第二、第三产业融合发展重点区域。

渝西片区依托卫星城建设，重点发展战略性新兴制造业，加快形成相关行业全产业链条以及产业集群，成为全市先进制造业圈层。

渝东北、渝东南片区以现代生态农业和特色产业为主体，打造农业经济与大旅游经济圈层。

（五）紧扣四大片区产业定位，协调促进人口资源要素合理流动

坚持以功能定位为导向，促使人口有序流动，合理优化人口分布。通过新型工业化和新型城镇化，引导农村富余人口遵循市场规律由人口集聚程度大于经济集聚程度的区域向经济集聚程度相对更高的区域流动，改善人口的城乡分布，提升“一小时经济圈”经济和人口集聚度，减轻渝东北、渝东南片区的生态环境压力。

主城片区内环以内要适度疏解、降低人口密度，促进区域内发展空间的战略转型以及经济结构的优化和升级，更加专注于发展具有区域竞争力、与国家中心城市地位相适应的高端产业和城市功能。

主城片区内环以外在承担内环以内人口和城市功能疏解的同时，通过产业发展带动城市空间拓展和功能完善，吸引新增城镇化人口进一步集聚，通过产城互动和融合发展，使产业集聚和人口集聚形成良性互动、互补、互促的内生发展机制。

渝西片区通过产业发展提供充足的非农就业岗位，积极吸引区域内外的待城镇化人口进入该区域，从而集聚人口推动新型城镇化进程。

渝东北和渝东南片区坚持“面上保护、点上开发”的理念，以“万开云”板块一体化发展和渝东南生态经济走廊建设为重点，促进人口在集中点上的适度集聚。

（六）加快完善重大基础设施，引导城市与产业空间互动协调发展

以交通网络为代表的重大基础设施对产业空间演化具有重大的影响，一方面促进城市空间扩展并改变着城市外部形态，对城市空间扩展具有指向性作用；另一方面直接改变着城市的区域条件和作用范围，产生新的交通优势区位、新城市或城市功能区，从而改变原有的产业空间结构。加强交通建设，既是改善城市区位条件的有效途径，也是整合优化城市产业空间的必要支撑，对于引导城市和产业空间互动协调发展具有重要意义。

到2020年，重庆将具备以“三环十二射多连线”为主的高速公路网络，以“米”字形高铁网络为骨干的铁路网络，“一大四小”机场体系以及“一干两支四枢纽九重点”内河航运体系，四大片区之间交通通达性不断增强，“一小时经济圈”对渝东北、渝东南片区辐射带动作用将更加明显。成渝城市群市内区域、“一小时经济圈”、渝东北城镇群和渝东南城镇群的发展更加成熟，空间结构更加合理。通过货物流、人员流、资金流、数据流通道的整合配置各种生产要素，使产业发展及其空间结构与城市之间的互动更为紧密，作用更为显著。产城协调发展呈现出以各级紧凑组团为节点，以交通线网为发展轴，形成合理高效的产业空间结构，并带动周边地区的发展，进而有助于重庆生产力空间的整体升级。

第五章
Chapter 5

重庆城镇和产业布局优化的重点任务

一、城镇化发展布局优化

基于重庆四大片区构建科学合理的城市功能结构，将是重庆市新型城镇化发展优于其他城市的重要特色。在新型城镇化发展的过程中，应该充分依据重庆市的自然地理特色，将城市地域职能规划置于自然生态环境保护的框架内，使自然天成的生态功能区与城镇建成区相互渗透和交融，形成合理的城镇地域职能布局。

(一) 积极推进重庆“一小时经济圈”一体化发展

重庆城市形态向“一小时经济圈”演进，不仅使城市功能地域发生重组和变化，也使人口、产业、基础设施及公共服务设施等形成新的空间格局，进而对城镇化、城市规划乃至城市空间管理体制提出新的要求，建议顺应重庆新型城镇化发展的内在规律和要求，按照“一小时经济圈整体发展”的全新战略思维和理念，加快构建“主城+卫星城”的“一小时经济圈”发展模式。

1. 着力实施主城片区的“强心”战略

强化主城片区作为国家中心城市核心区的集聚和辐射功能。以新城建设为载体，推动主城片区全域城市化发展。依托重大开发开放平台，继续加快两江新区、“西部新城”建设的同时，以南岸区南山（“内环”）以东区域和巴南区的“二环”以内区域为载体，加快推进“江南新城”建设，打造重庆都市生态智慧新城。

此外，考虑到与主城片区的密切空间联系，建议将渝西片区的璧山、江津几江—双福片区等区域纳入新城建设范畴，着力打造与主城片区一体化发展的城市新兴功能区。

2. 重点建设永川、长寿、涪陵、铜梁四大战略支点型卫星城镇

永川是成渝城市群的重要战略支撑，连接云南、对接中缅印巴走廊，是渝黔开展合作的前沿阵地，也是辐射川南黔北的重要门户。

长寿是国家级重化工基地，也是专业物流中心和都市休闲旅游服务基地。

涪陵是重庆“一小时经济圈”向东连接长江经济带、辐射渝东南城镇群的重要节点。两大卫星城向西与主城片区鱼嘴、麻柳组团整合发展，向东连接长江经济带，辐射渝东南城市群。

铜梁是增强主城片区西部外围城镇组群网络化联系的重要新兴节点，也将承接重庆对接丝绸之路经济带的部分功能，建成辐射四川、大西北地区的桥头堡。南部片区受历史、区位、政策等因素制约，发展相对滞后，迫切需要培育新的引擎。

綦江综合发展条件相对较好，建议作为战略支点型卫星城镇进行重点培育，加快建成渝黔合作开发门户和主城片区联系海上丝绸之路的重要节点，辐射带动南部板块发展。

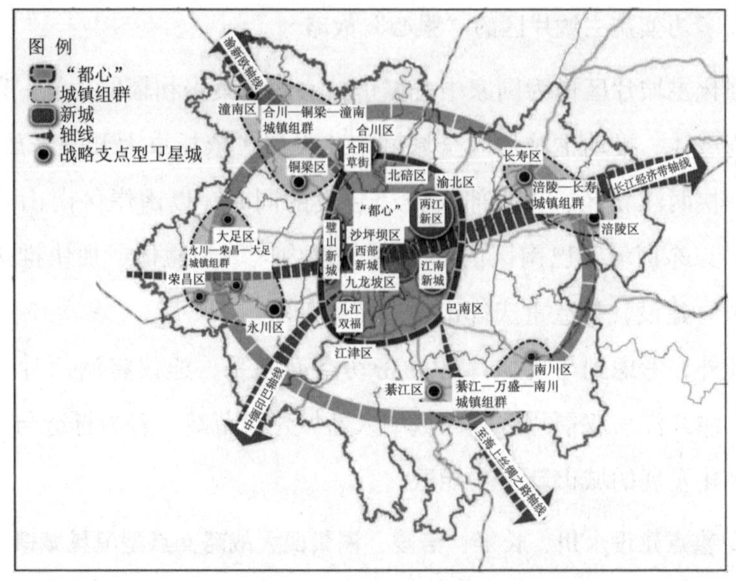

图 5-1　重庆"一小时经济圈"近期空间格局设想示意（2020 年）

3. 探索跨行政边界的空间一体化发展策略

超越行政界限，从单兵突进的城市经济走向协同作战的区域经济，是国内外大都市区发展的成功经验。对主城片区进行全域战略谋划，探索将主城片区作为整体进行规划、经营和管理。建立"全市统筹、区域协调、区县推动"的新型城镇化机制，统筹策划和实施一批有重要影响、跨区域的重大项目，鼓励一体化发展。

（二）着力构建重庆渝东北、渝东南两大城镇群

渝东北和渝东南片区是未来人口外迁的主要区域，也是重庆的生态屏障，在强化生态文明建设的基础上，适度发展以特色农业、旅游业为主的资源型产业，因地制宜发展一批中小城市和有特色的重点小城镇，着力推进渝东北国际商贸旅游城镇群和渝东南生态文化旅游城镇群建设。

1. 渝东北国际商贸旅游城镇群

以万开云板块为核心，推动以万州为中心的区域一体化建设，打造三峡国际商贸旅游集散中心。建议将石柱纳入渝东北生态涵养区，构建丰忠石经济板块。充分发挥其濒临长江黄金水道、紧邻万开云板块、连接渝东北和渝东南两大片区的区位优势，向西主动对接主城片区及“一带一路”建设，向东积极融入长江经济带建设，有效促进区域联动、协调发展。

2. 渝东南生态文化旅游城镇群

按照四大片区发展要求，应以产业为依托，有重点地发展县城和部分基础条件好、发展潜力大的重点建制镇，加快人口和要素集聚，积极有效地扩大规模，提高城市发展质量，加快培育以黔江为区域中心城市、秀山为区域次中心城市的区域经济增长极，依托渝怀铁路、渝怀高铁、渝湘高速等交通通道串联其他县城和重点镇，形成以线串点、以点带面的城镇群体系。

（三）培育打造特色小镇（街区）

立足各片区功能定位，合理配置资源要素，突出发展重点，分区域、差别化培育一批“一镇一景、一镇一业、一镇一韵”的新型特色小镇。

主城片区内环以内区域重点打造一批文化创意、特色风貌等街区。主城片区内环以外区域以补充完善都市功能为导向，重点在主城片区二环以外区域培育若干旅游小镇和服务小镇。

渝西片区以补充完善新型工业化、新型城镇化最活跃地区功能为导向，重点发展一批产业小镇、旅游小镇和服务小镇。

渝东北片区和渝东南片区，结合人口梯度转移和高山生态扶贫搬迁，充分利用自然生态风光和特色资源，突出民族民俗民风等文化特色，适度发展一批旅游小镇、产业小镇和服务小镇。重点建设30个左右在全国具有一定影响力的特色小镇示范点，打造一批具有特色产业、特色风貌、特色功能的特色小镇，使特色小镇成为空间集聚、产业集聚、人口集聚的重要载体。

二、重要产业布局优化

（一）主城片区内环以内区域重点布局现代服务业

主城片区内环以内区域是重庆建设西部服务之都的核心功能区，是重庆现代服务业密集度最强、国际化水平最高、成长空间最大的服务业集聚区，也是重庆建设西部服务之都的增长引擎，应聚焦发展金融服务、国际商务、高端商贸、文化创意等现代服务业，着力建设总部经济高地、金融核心区、高端商务商贸中心。

空间策略上加快实施重庆“二环”内产业“退二进三”政策，加大对工业用地中传统制造业的淘汰和调整力度，加快产业置换和产业升级，将发展现代服务业作为主攻方向，培育发展全牌照新兴金融服务业、服务外包、设计研发、咨询、法律等专业服务业，提档升级中央商务区，着力提升国际化服务功能，打造国家现代服务业中心。

1. 加快建设中央商务区

重点加快解放碑—弹子石—江北嘴三大板块建设。突出城市中心区的高端综合功能，以金融、商务、商贸、都市旅游以及咨询、会计、律师等专业服务为重点，建设中国西部地区的总部经济集聚区、金融集聚区、高端商务集聚区、国际商务交流区、文化创意示范区、高尚生活服务功能区和国际大都市风貌展示区。积极引进面向全球和全国的数据服务、数字内容开发、业务运营等公共平台落户，积极争取设立国际通信出入口局，扩大数据信息对外互联互通，打造内陆地区的重要信息“口岸”。

2. 加快建设九大服务集聚区

升级改造杨家坪、观音桥、南坪、三峡广场等传统商圈，积极发展现代服务业业态，打造综合性服务业集聚区。加快开发朝天门、化龙桥、九龙半岛，推进嘉陵帆影、来福士广场等地标性项目开发，突出发展高端商务、总部集聚、现代商贸、营销体验、设计研发及创意产业，建成服务经济集聚区。

（二）主城片区内环以外区域重点布局先进制造业和生产性服务业

主城片区内环以外区域以两江新区、综合保税（港）区等重点产业平台为支撑，以集群化、智能化发展为导向，围绕“支柱优势产业跃升、战略性新兴产业培育、特色资源产业提升”，突出全市开发开放平台体系的带动作用，加快发展战略性新兴产业以及“6+1”工业支柱产业，成为重庆市工业经济发展的核心动力和引擎。

同时，要着力建设研发创新中心、综合商贸物流中心，大力发展城市配送及冷链服务、跨境电子商务及结算、保税商品展示及保税贸易、互联网云计算大数据、总部贸易和转口贸易等战略性新兴服务业，更加突出西部创新中心、内陆开放高地的核心支撑等定位。

1. 两江新区

在继续巩固提升汽车、电子信息、装备制造三大优势支柱产业基础上，加快发展新能源及智能汽车、电子核心部件、机器人及智能装备、云计算及物联网、可穿戴设备及智能终端、通用航空、生物医药及医疗器械、能源装备、节能环保、新材料等战略性新兴制造业，成为重庆市战略性新兴产业发展的主战场。

同时，大力发展城市配送及冷链服务、跨境电子商务及结算、保税商品展示及保税贸易、互联网云计算大数据、总部贸易和转口贸易等战略性新兴服务业。加大招商引资力度，集聚云计算和大数据企业，加快数据中心、结算中心落户和建设，构建全市云计算行业的存储、计算、结算的能力基础。大力发展口岸经济，加快布局快件服务、航空物流、保税物流、会展、网络文化信息服务等生产性服务业。

2. 西部片区

西部片区（包括大渡口区、沙坪坝区、九龙坡区内环以外以及北碚区西部的区域）重点发展电子信息（笔记本和平板电脑、移动终端）、高端铝材两大千亿级产业集群和装备制造产业集群，以及节能环保两个百亿级产业集群。重点加强西永综合保税区和铁路保税物流中心建设，重点发展铁路物流等生产性服务业和城市配送等生活性服务业，大力发展科技研发和文化创意产业。

3. 南部片区

南部片区（包括南岸区内环以外的区域以及巴南区）重点发展电子信息（物联网、移动终端、液晶面板）一个千亿级产业集群和装备制造产业集群，以及汽车、消费品工业等三个百亿级产业集群。重点建设迎龙千亿级专业市场集群，发展生产性服务业和休闲旅游、城市配送等生活性服务业。

4. 六大服务业集聚区

在六大服务业集聚区（包括礼嘉片区、悦来新城及中央公园、钓鱼嘴半岛及重庆钢铁集团旧址、龙洲湾滨江、西永 L 地块、龙兴复盛），加快推进中央公园综合商业开发等城市功能开发项目，突出商务商贸、会展物流、工业旅游、精品房地产等产业特色和功能要求，建设主城区新兴现代服务业集聚区及新增城市人口重点聚居区。

同时，依托水港、空港、铁路和公路四大口岸，打造四大口岸经济产业带。重点在西部现代物流产业园、西永综合保税区及周边北碚区、南岸区、大渡口区连片打造的西部铁路口岸产业带布局电子信息、汽车整车及零部件、机器人、高端机械设备、自动化设备等生产加工基地。依托江北机场航空口岸，统筹出口加工区及周边产业基础好的北碚区、江北区等打造的临空都市产业带，重点布局航空产业、智能终端、液晶面板、集成电路、高档饰品等生产加工基地。依托寸滩港、果园港水运口岸，联动两江新区、经开区打造的东部水港产业带重点布局装备制造、汽车、造船等工业基地。重点依托巴南公路物流基地打造的南部公路口岸产业带布局高端装备、医药轻工等生产加工基地。同时，围绕水、空、铁、公口岸，大力发展金融、保险、物流、信息、法律等知识型服务业，积极发展研发、维修、电子商务、大数据、软件服务外包等生产性服务业。

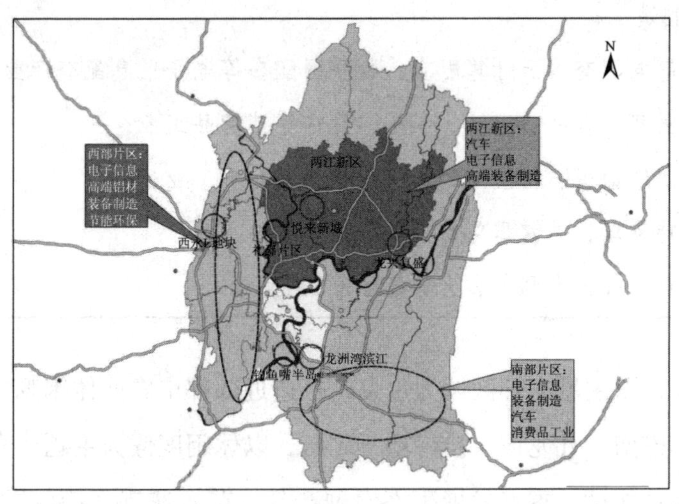

图 5-2　主城片区内环以外区域功能规划布局

（三）渝西片区重点发展现代工业和现代农业

1. 加快构建和完善现代工业体系

要将渝西片区打造成为未来全市工业化城镇化最活跃的地区，重点发展战略性、支柱型的先进制造业和各类加工业，依托国家级高新区、综合保税区和市级工业园区，改造提升汽车、电子信息、装备、化工等优势产业，大力发展机器人及智能装备、高端交通装备、页岩气、MDI及化工新材料、生物医药、环保产业等战略性新兴产业，加快形成若干产业链条完善、规模效应明显、核心竞争力突出、支撑作用强大的产业集群。争取到2020年，集聚全市消费品工业的60%，化工产业的90%以上，装备和材料产业的70%。

专栏5-1　渝西片区工业发展重点方向

1. 石油化工、精细化工、化工新材料等综合化工产业；

2. 机器人、船舶零部件、基础件、交通运输、内燃机、精密铸锻件等装备制造业；

3. 笔电配套、云计算配套、物联网配套等电子信息配套产业；

4. 医药、食品、造纸、家居、灯饰等消费品工业；

5. 钢铁冶金、新型建材、铝镁材料等材料工业；

6. 特种车、关键零部件等汽车及零部件工业；

7. 页岩气开发利用和火电等能源工业。

此外，以主城二环区域为重点，打造近郊都市农业休闲观光圈。依托渝北、巴南、九龙坡、沙坪坝、北碚，以休闲度假为主题，充分发挥农业的多功能性，重点发展生态农副产品、苗木花卉、特色果蔬种植、水产养殖以及生态采摘、垂钓观鸟、田园度假等项目，开发以随季节变化的观光农业、农家乐为主的都市现代农业。

2. 重点打造五大产业集群板块

该板块包括渝西片区东部涪陵—长寿、毗邻主城的江津—璧山、西部永川—大足—荣昌—双桥、西北部合川—铜梁—潼南，以及南部綦江—万盛—南川—江津珞璜五大板块。五大板块工业发展各有侧重，力争形成五大特色产业基地，支撑渝西片区成为重庆市工业化最活跃的地区。

专栏 5-2　渝西片区五大板块工业布局重点

东部涪陵—长寿片区重点发展综合化工和钢铁两大千亿级工业集群，装备、材料、医药与食品加工 3 个百亿级工业集群。

毗邻主城的江津—璧山片区突出毗邻主城的区位优势，重点发展“2+2”工业集群，即电子信息配套和汽车及零部件两大千亿级工业集群，装备和食品两大百亿级工业集群，构建为主城产业配套的工业基地。

西部永川—大足—荣昌—双桥片区重点发展“1+4”工业集群，即消费品工业 1 个千亿级工业集群，汽车及零部件、电子信息配套、装备和再生资源综合利用 4 个百亿级工业集群。

西北部合川—铜梁—潼南片区重点发展装备及汽车 1 个千亿级工业集群，以及清洁能源、新型建材、消费品 3 个百亿级工业集群。

南部綦江—万盛—南川—江津珞璜片区重点发展能源 1 个千亿级工业集群，以及新型建材、铝镁材料、装备制造和消费品 4 个百亿级工业集群。

在现有璧山国家级高新区基础上，加快推动渝西片区的一批重要开发开放平台上档升级。一是分层次推动建设国家级开发区。渝西片区西部和南部是川渝、渝黔合作的重要前沿阵地，亟待重大开发开放平台的带动，应推动江津工业园、永川高新区、双桥经开区、万盛经开区等上升为国家级开发区。在条件许可时，积极推动东部和西北板块的涪陵工业园、合川工业园上升为国家级开发区，成为助推相关区域发展的重要引擎。二是提升现有园区发展水平，强力招商做大增量，创新管理做优存量。三是突出园区产业导向原则，对于园区准入的产业项目给予相应政策支持，不符合园区发展方向的产业项目限制进入，逐步引导各产业园区特色化发展。

表5-1　渝西片区“多点”工业园区、开发区名称

区域	园区名称	区域	园区名称
长寿	长寿经济技术开发区	荣昌	荣昌工业园区
涪陵	李渡工业园区	永川	永川工业园区
	白涛化工园区		永川高新区
	龙桥工业园区	大足	大足工业园区
璧山	璧山高新区		双桥经济技术开发区
江津	江津工业园区	合川	合川工业园区
綦江	綦江工业园区	潼南	潼南工业园区
	万盛经济技术开发区	铜梁	铜梁工业园区
南川	南川工业园区		

3. 大力发展现代服务业

渝西片区是重庆现代服务业核心功能的承载辐射区。空间策略上要结合制造业的集聚优势，依托重大枢纽型基础设施、区位优势明显和城市功能完善的工业园区，加快转型，发展研发设计、综合物流、展示交易、商业服务、职业教育、特色休闲旅游等现代服务业。重点建设涪陵、合川、永川、江津四大区域现代服务中心。同时，围绕现代服务业发展主要领域，在全市布局建设若干各具功能特色的现代服务业集聚区。其中，在现代物流领域，着力打造长寿化工及材料等物流集聚区；在现代金融领域，着力打造江津区、永川区等金融后台服务基地；在科技研发领域，着力打造大足五金科技研发、荣昌畜牧高新技术研发等集聚区。

4. 梯次布局都市现代农业

按照各区（县）的自然资源、社会经济条件和区位比较优势，结合重庆四大片区农业发展定位，渝西片区都市现代农业可以按照“两带”产业空间布局发展，更好地发挥农业为城市提供新鲜商品、休闲、观光等的服务功能。

（1）依托潼南、荣昌、合川、江津，打造渝西农产品供给带

以绿色农业为主题，集中连片发展蔬菜、畜牧、粮油生产基地，有效保障主城“菜篮子”工程及肉类供给，稳定物价。同时，积极开发以苗木花卉、特色果蔬种植、水产养殖以及生态采摘、垂钓观鸟、田园度假等为主的旅游观光农业，并围绕旅游产业配套发展餐饮服务业，提高农业整体效益。

（2）依托长寿、涪陵，打造渝东农业综合开发带

以农业产业园区为主题，重点发展高效农业、精品果蔬、特色水产以及现代农业示范展示、休闲度假、观光采摘、农事体验等项目，打造现代园区农业板块。

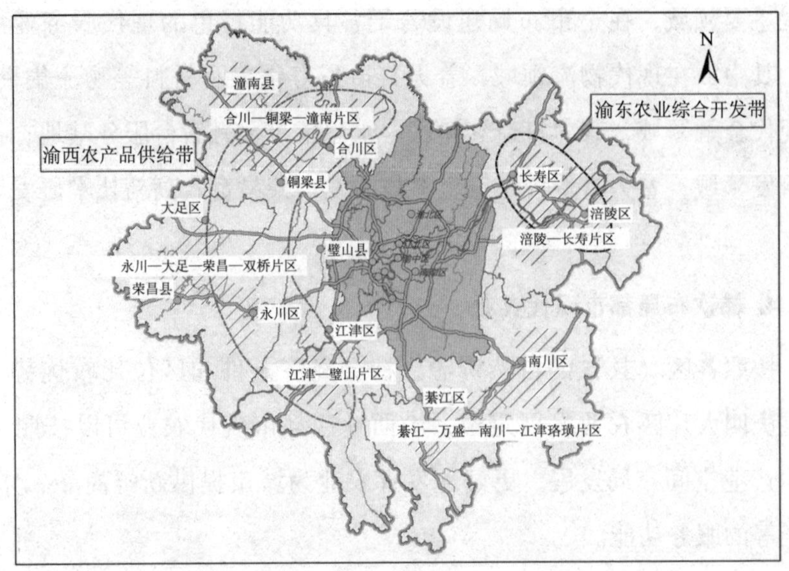

图5-3 渝西片区功能规划布局

（四）渝东北、渝东南片区重点实施“点上开发、面上保护”

渝东北片区和渝东南片区重点以生态发展为主，要结合本地的资源禀赋条件，以“大旅游经济”作为促进渝东北、渝东南绿色可持续发展的基本路径，科学选择发展特色绿色工业，协同推进经济发展与生态保护，通过适度绿色发展使生态环境得到更好的保护。

1. 渝东北片区

对经市政府批准的城市规划区、特色工业园区、旅游开发区、重点城镇等区域实施“点上开发”。

（1）统筹区域旅游及服务业发展空间布局

依托渝东北片区旅游文化资源分布、城镇体系布局和交通基础设施建设规划等情况，统筹形成以旅游业、物流业为引领的三大服务业片区。

万州—开县—云阳片区，针对片区内工业园区产业发展需要，大力发展现代物流、信息服务业、金融业和专业市场等生产性服务业，形成第二产业和第三产业互动发展格局，同时结合本地旅游资源和生态特色，积极发展生态旅游业、现代商贸等生活性服务业。

垫江—梁平—忠县—丰都片区，结合该片区作为农产品主产区和农产品深加工区，大力发展信息服务业（农产品电商平台等）、职业教育等，同时，依托片区有一定的旅游资源，离主城较近的优势，加大文化和旅游融合发展力度，积极发展休闲游和养老产业等服务业，形成三次产业良性互动格局。

城口—巫溪—巫山—奉节片区，结合该片区生态保护较好、自然景观较美、特色农产品较多，且片区内居民收入相对较低现状，大力发展以三峡观光游等为主的生态旅游业和特色农产品交易等商贸业。

（2）科学选择发展特色绿色工业

按照“面上保护、点上开发、因地制宜发展特色产业”的要求，依托万州经开区以及市级特色工业园区，承接发展电子配套、机械加工、纺织服装、特色轻工、绿色食品、中药材加工、清洁能源等特色产业，大力发展特色资源加工业。

以万州经开区为核心，忠县、开县、云阳、垫江、梁平园区等为支撑，打造商用车、纺织服装、盐气化工等产业集群。

以万州、忠县、丰都、云阳、奉节园区为重点，打造重型装备产业集群。

以万州、开县、云阳、奉节园区为重点，打造家电产业集群。

以梁平、丰都、奉节园区为重点，着力打造光电产业集群。

以云阳、开县、巫山园区为重点，做优做大中医药产业集群。

以开县、忠县、梁平、丰都、巫溪、奉节、城口园区为重点，打造绿色食品产业集群。

以垫江、巫山园区为重点，打造钟表计时及精密加工产业集群。

（3）大力发展特色农业

以良好的生态环境和山水资源为基础，依托现代农业示范区，大力发展榨菜、柑橘、草食牲畜、生态渔业、茶叶、中药材等特色效益农业产业链，建设无公害农产品和绿色有机食品基地。

空间布局上，既要沿国省道、沿江等通道和城郊布局，也要立足特色资源区域联合打造“经果林走廊”“生态休闲观光走廊”“特色生态农业产业带”“精品农业”等。

表 5–2　渝东北片区现代农业布局重点

区县	布局重点
万州	重点布局粮食、柑橘、蔬菜、生猪、水产品等主导产业，牛羊、家禽、中药材、笋竹、花卉苗木、茶叶、烟叶等特色优势产业，蔬菜、榨菜、柑橘、大鲵等深加工
开县	重点布局粮食、油料、柑橘、蔬菜、生猪、水产品等主导产业，中药材、山羊、生态鱼、肉兔等特色优势产业，粮油、蔬菜、水果、生猪等深加工
云阳	重点布局粮食、蔬菜和生猪等主导产业，柑橘、牛羊、生态鱼、中药材、食用菌、蚕桑、蜂蜜等特色优势产业，绿色食品、制药等深加工
垫江	重点布局粮食、柑橘、垫江白柚、蔬菜、生猪、水产品等主导产业，家禽、蚕桑、生态鱼、牡丹、茶、石磨豆花、工艺品等特色优势产业，榨菜、优质粮食等深加工
梁平	重点布局粮食、蔬菜、生猪等主导产业，梁平鸭、梁平柚、生态鱼、黑山羊、西蜂养殖等特色优势产业，梁平鸭、粮食等深加工
忠县	重点布局粮食、油料、柑橘、笋竹等主导产业，柑橘、笋竹等特色优势产业，高档鲜水果、高档果汁、食用油、肉牛等深加工
丰都	重点布局粮食、油料、肉牛等主导产业，红心柚、榨菜、花椒、龙眼、猕猴桃等特色优势产业，肉牛等深加工
城口	重点布局山地鸡、生猪、中蜂养殖、干果、中药材等主导及特色优势产业，城口老腊肉、城口山地鸡、蜂蜜、中药材等深加工
巫溪	重点布局马铃薯、山羊、生猪、高山蔬菜、中药材、烤烟、蔬菜、大鲵养殖、大宁河鸡、核桃等主导及特色优势产业，马铃薯、中药材等深加工

续表

区县	布局重点
巫山	重点布局红薯、油料、生猪、蔬菜、烤烟、柑橘、中药材、小水果、魔芋、干果、生态鱼等主导及特色优势产业，薯类食品、蔬菜、中草药等深加工
奉节	重点布局脐橙、油橄榄、红豆杉、生猪、油料、蔬菜、山羊、肉牛、肉兔、蜂养殖、禽蛋、生态鱼、中药材、烟叶、茶叶、蚕桑等主导及特色优势产业，高档鲜果、红豆杉制药、中草药等深加工

2. 渝东南片区

从“大旅游经济”发展的全局出发，加快完善以交通为主的基础设施体系，着力统筹区域旅游经济发展，并在此基础上构筑起以旅游为纽带的三次产业联动发展体系。

（1）统筹区域旅游发展空间布局

依托渝东南片区旅游文化资源分布、城镇体系布局和交通基础设施建设规划等情况，面向国际国内两大旅游市场，对旅游发展空间布局进行优化，着力构建“2345”的发展新格局。

“2”即水陆两轴并进：一是以乌江干流及主要支流的水路发展轴，形成乌江画廊一线；二是以渝怀铁路、渝湘高速公路联动其他主干交通线的陆路发展轴，形成武陵山区一片。

“3”即三大旅游板块，包括大仙女山—乌江画廊—大武陵山（两山一江）串联而成的中部板块、北部石柱板块、南部酉秀板块。

“4”即四大进出节点，包括黔江、秀山两大集散枢纽，以及武隆、石柱两大进出门户。

“5”即五大主题旅游片区，包括“时尚山原”大仙女山休闲度假区、“乌江画廊”峡湖观光休闲旅游区、“民俗山乡”大武陵山乡村生活体验区、“生态天堂”黄水观光休闲旅游区、“酉水秀山”古镇边城风情旅游区，按“东、西、南、北、中”分布，形成以“乌江画廊”为中心的众星捧月格局。

(2) 以“大旅游经济”带动第一产业融合发展

重点发展以下三类乡村田园旅游产品：

按照园区建设模式，重点开发如蒲花河生态农业示范园区、黄连药用植物园、武陵山珍种植养殖基地、向日葵山谷等主题田园农业观光度假园区。

借鉴“五朵金花”模式，重点开发如后坝土家族聚落、鞍子苗寨、桥梁村、长潭村河湾山寨、金珠苗寨、传统村寨乡村休闲度假产品等。

重点发展以农家饮食、专项种养殖、传统手工制作、歌舞表演、土特产生产加工等为特色的“农家乐”“渔家乐”“牧家乐”“土家乐”“苗家乐”等农户型体验旅游产品。

此外，以良好的生态环境和山林资源优势为基础，依托现代农业示范区，全链式发展草食牲畜、生态渔业、中药材、茶叶、调味品、高山蔬菜等山地特色农业产业，建设无公害农产品和绿色有机食品基地（见表5-3）。

表5-3 渝东南片区现代农业布局重点

区县	布局重点
黔江	除城区和特色工业园区以外的其他地区，大力发展生猪、蚕桑和烟叶等山地生态农业
彭水	升级建设摩围山山地特色市级现代农业示范园区、乌江画廊休闲观光农业示范带和鹿鸣—平安—龙射—太原特色农业示范带等“一区两带”特色效益农业，推动烤烟、薯类、草食牲畜、蜂产品、林产品等特色生态农产品打响品牌、增加附加值、提升效益
酉阳	重点做大做强青花椒、油茶、青蒿、烤烟、山羊和肉牛“六大”支柱产业，大力发展苦荞、油菜、高山蔬菜、水果、茶叶、麻旺鸭等山地生态特色效益农业
武隆	重点发展高山蔬菜、草食牲畜、道地中药材等优势产业，着力培育胭脂萝卜、生态笋竹、有机茶叶、特色林果等特色产业，巩固提升烤烟、生猪、蚕桑等传统产业
石柱	重点发展以辣椒、蔬菜、草食牲畜为主的农副产品种养及加工业，黄连等道地中药材种植及现代制药业，建成渝东南特色山地生态农业示范基地
秀山	重点发展中药、茶叶以及粮食、生猪、生态土鸡、特色水产养殖、草食牲畜、林果产业等重点特色产业

（3）以“大旅游经济”促进第二产业互动发展

重点培育发展特色旅游商品加工制造业。围绕“大旅游经济”整体发展，依托农副产品深加工基地，大力开发具有民族特色的名优土特产品；依托文化古镇等旅游城镇，发展具有浓郁民俗风情、鲜明地方特色的传统手工艺制品和旅游纪念品；以各特色产业园区为依托，提升创意设计水平，积极发展包括旅游商品、旅游用品和旅游装备在内的层次多样、内容丰富、特色鲜明的旅游加工制造业（如珠宝加工、特色中药苗药等）。

积极发展工业旅游。一些适合该地区发展的生态环保制造业，由于处于特定的时空下，除了自身的生产价值，同时具备了工业旅游价值，因此可以依托渝东南特色优势基础发展工业旅游，比如，以特色生态农产品加工、特色民族手工艺品生产（特别是非物质文化遗产）甚至特色矿产资源开采与生态深加工等为依托，打造一批具有全国影响力的工业旅游产品，争取创建全国工业旅游示范点；策划举办全国性旅游商品博览会，把旅游商品生产与相关会展产业打造成渝东南“大旅游经济”中工旅结合的新兴增长点。

充分发挥特色生态资源，依托市级特色工业园区，配套发展纺织服装、特色轻工、绿色食品、中药材加工、清洁能源等特色资源加工产业，以及特色生态农产品加工、特色民族手工艺品生产等特色旅游商品加工制造业，将旅游商品加工制造业打造为渝东南特色工业化发展新的增长点，发展串珠状的生态经济走廊。

黔江区：加快发展电矿联产材料、轻纺食品、生物医药、高效节能电机、汽摩配套、页岩气深化工等产业。

彭水县：以清洁能源、特色农林产品和矿产品加工为重点，着力推进新型工业化。

酉阳县：重点发展医药产业、清洁能源、页岩气开采利用、珠宝服饰等特色产业。

武隆县：可利用丰富的水能和矿产资源，大力发展清洁能源、矿电联营、页岩气开发及利用等产业。

石柱县：积极培育装备电子、页岩气开发及利用、清洁能源等特色生态工业。

秀山县：培育县城、溶溪、龙池、梅江四大工业聚集区，发展矿产资源加工、农副产品加工、IT配套产品、服装等特色优势产业。

（4）以“大旅游经济”引领第三产业全面发展

充分发挥旅游业在渝东南第三产业中的先导作用，创新融合互动发展模式，拓展第三产业发展空间。推动旅游与商贸服务业融合发展，围绕“大旅游经济”完善商贸配套设施，加快建设旅游商品市场体系，挖掘新的消费商贸热点领域。推动旅游与金融业融合发展，创新旅游投融资机制，增强金融对旅游发展的支撑力度。推动旅游产业与养老服务、健康服务、文体会展等产业的全面融合发展，加快完善第三产业多元支撑。

三、人口空间格局引导

遵循四大片区发展定位，实施与片区定位相配套的人口政策，积极推进资源环境承载能力较强、经济发达的城市化地区吸纳和集聚人口，引导承载能力有限的重要生态区域人口自愿、平稳、有序转移，实现人口空间布局与生态承载能力、城镇发展等有机协调。积极推动建设一批特色小镇，吸引与区域功能定位、主导产业发展方向、资源环境承载能力相适应的人口集聚，成为融合发展的典范。

（一）推进人口布局与区域发展定位相匹配

实施与区域发展定位相配套的人口政策。积极推进资源环境承载能力较强、经济发达的城市化地区吸纳和集聚人口，引导承载能力有限的重要生态区域人口自愿、平稳、有序转移。

主城片区内环以内区域要适应经济转型和产业调整的需要，以集聚人才、优化人口结构为核心，注重“质”的提升，构建有国际竞争优势的人口和经济发展战略，努力创造人口素质红利，实现经济结构转型升级。适度疏解该区域部分传统产业及人口，避免（或减缓）城市病发生。

主城片区内环以外区域一方面要承担内环以里人口和城市功能疏解，另一方面还应有选择性地大力发展一批先进制造业和生产性服务业等先进产业，并通过城市空间拓展和功能完善，吸引新增城镇化人口，主城片区常住人口不超过1200万人。

渝西片区应充分利用国内劳动力供求关系变化、资本开始追逐劳动的有利时机，实施积极的人口引进政策，最大限度地留住和集聚人力资源，力争2020年常住人口达到1200万人左右。要把握支柱产业集聚发展和人口集聚相辅相成的规律，加快通过产业发展提供充足的非农就业岗位，并且完善基础设施和公共服务配套设施，吸引区域内外的待城镇化人口到该区域就业。

“两翼”片区要实施积极的人口迁出政策，并选择部分适宜的“点”来重点发展。增强劳动力跨区域转移就业能力，引导超载人口向所在地县城、万州、黔江、主城片区内环以外区域和渝西片区梯度转移，争取至2020年常住人口减少到900万人左右。

要深入分析主城片区内环以外区域和渝西片区的产业劳动力结构性

空缺，提前为迁移人口的居住生活预留土地、要素等一定的发展空间，同时改善城乡结合部和城中村的公共服务条件，通过完善和优化市场发展环境，吸引两翼生态区劳动力聚集，在推进产业发展同时，自然转移劳动力。

（二）着力提高生态脆弱地区劳动力的转移就业能力

进一步提高两翼生态区域的人口素质。促进经济社会相关政策与人口计生政策的有机衔接，对独生子女或双女户家庭在生态移民、水库移民搬迁、征地补偿、集体林权改革、集体收益分配等方面多给予倾斜，减免新农保基本养老和新农合的个人缴费。综合运用其他经济手段，逐步提高两翼地区的人口素质。着力抓好两翼的基础教育，切实提高新增劳动力人口的基本科学文化教育素质，增强劳动力向区内外转移就业的能力，积极推进人口向区域内的城镇集中。

（三）创新区域利益分配机制

运用人口迁移的改变来协调区域间利益平衡，有必要对重庆现有的区域利益分配方式进行相应的调整。

一是确立市级财政资金流向、土地新增供给量与人口迁移流向相统一的原则。充分考虑人口集聚区承接人口所支付的基础设施建设及社会福利成本，综合平衡各类功能区的利益得失与责任分工，完善全市对区县财政转移支付的分配。

二是对人口集聚区的公共事业实行税收优惠，以加快区内公共设施的发展，提高其人口吸纳能力和对外区人口的拉力。

三是改革和完善资源价格形成机制，使人口迁出区与人口迁入区共同分享资源价格市场化的利益。

四、完善基础设施和公共服务配套支撑体系

针对交通基础设施发展对生产力布局支撑力度不够的问题，加快完善各功能区的基础设施支撑体系，形成与四大片区功能定位相适应的局面。

（一）加快完善内外畅达的综合交通网络

从统筹区域协调发展的理念出发，构建便捷顺畅的综合交通体系。重点建设高速铁路、高速公路、长江航道等对外通道体系和城市轨道、市郊铁路、通用机场、城市通道等功能网络体系，加快完善“1+3”枢纽港口体系，推动进港铁路建设，形成联通千亿级工业园区和百亿级物流园区的大运量铁路运输网络；加快轨道交通、市郊铁路向渝西片区延伸，试点有轨电车工程，有序发展通用航空。

1. 加强对外通道建设

重点强化对外高铁和高速公路建设，加快推进郑万高铁、渝昆高铁、渝西高铁、渝湘高铁、南大泸高速等在建或规划项目，在依托渝新欧铁路充分融入全国陆桥通道的同时，打通重庆联通全国的沿长江通道、包昆通道等对外通道，强化与欧美、东南亚的经济贸易联系。

“一小时经济圈”：加快推动兰渝铁路等的建设，完善渝新欧国际物流大通道；加快长江航道整治，构建长江黄金水道对外大通道；强化与贵州、云南的通道建设，构建与东盟地区连接的国家大通道。同时，加快与周边省市的通道连接。

渝东北片区：依托铁路、高速公路等交通干线和长江黄金水道，着力打通北至达州市与安康市、东到郑州市与武汉市、西接重庆主城区、

南连利川市与黔江区的“四向”外联通道，加快形成支撑联通周边地区、融入国家战略的综合交通骨架。

渝东南片区：依托铁路、高速公路等交通干线，着力打通东与湖北、南接湖南、西接贵州、北与主城等对外通道。

2. 强化内部各片区之间的互联互通

加快完善空港、水港、铁路港连接线以及市郊铁路建设，增强重点开发开放平台之间、主城片区与渝西片区之间、两翼片区之间的互联互通。加快推进沿江高速、渝怀铁路复线等交通干线建设，增强“一小时经济圈”与渝东北渝东南两大城镇群之间的快速连接。加快推进黔江—石柱—忠县—梁平、武隆—丰都—垫江等快速通道建设，研究论证武隆—丰都—忠县—万州高铁连接线建设，加快南大泸高速建设，增强两翼片区之间、两翼片区与周边省市之间的互联互通。

专栏5-3　重庆重大交通基础设施布局

“一小时经济圈”

铁路

续建或建成：渝万城际、渝黔铁路、三南改造、枢纽东环线、重庆北站铁路综合交通枢纽、沙坪坝铁路综合交通枢纽、重庆西站铁路综合交通枢纽。

新开工及推动前期工作：渝昆高铁、渝西高铁、渝湘高铁（重庆段）、安张铁路、广安至涪陵至柳州铁路、成渝铁路扩能改造工程、莱园坝铁路综合交通枢纽、重庆东站铁路综合交通枢纽等。

研究论证：渝黔高铁、沿江高铁、重庆至宜昌沿江货运铁路、长（寿）垫（江）梁（平）货运专线、广（安）忠（县）黔（江）铁路等。

高速公路

续建并建成：江津至习水高速（重庆段）、重庆至广安高速（重庆段）、南川至道真高速（重庆段）、江津至綦江高速、南川至两江新区高速、三环高速长寿至合川段、成渝高速扩能九龙坡至永川段、沿江高速支线白涛隧道工程。

新开工及推动前期工作：南充至潼南至大足至荣昌至泸州高速（重庆段）、合川至潼南至安岳高速（重庆段）、渝黔高速扩能（重庆段）、渝宜高速扩能渝北至长寿段、合川至璧山至江津高速、渝遂高速扩能、渝武高速扩能。

研究论证：永川至泸州高速等。

机场

续建并建成：江北机场第三跑道及东航站区工程。

新开工：万盛、永川等一批通用航空机场（起降点）。

水运

续建并建成：长江朝天门至九龙坡航道整治工程、嘉陵江利泽航运枢纽、嘉陵江草街库区航道整治工程、涪江潼南航电枢纽、三峡库区磨刀溪等6条支流航道整治工程、涪陵龙头港一期、江津珞璜港改扩建工程、主城佛耳岩港二期。

新开工及推动前期工作：长江涪陵至朝天门航道整治工程、渠江航道整治工程、綦河航道整治工程、涪江双江航电枢纽、永川朱沱港一期、合川渭沱港一期。

城市交通

建成“一环八线”城市轨道交通网，大力推进市郊铁路建设，建成渝合线、轨道延长线跳磴至江津段，新开工轨道延长线璧山至铜梁段、合川至大足线、南彭至茶园有轨电车；主城区形成“六横七纵多联络”快速路网结构。

渝东北片区

积极争取推动三峡第二航道工程工作，突破水运瓶颈。重点加快渝万城际、郑万高铁、万州至利川高速、梁平至忠县高速、沿江高速建设，新开工及推动渝西高铁、安张铁路、达万铁路扩能改造工程、达开万城际铁路、巫溪至镇坪高速、开县至城口至岚皋高速、奉节至建始高速、巫山至巫溪高速、垫江至丰都至武隆高速、恩施至广元高速等前期工作，研究论证沿江高铁、重庆至宜昌沿江货运铁路、长（寿）垫（江）梁（平）货运专线、广（安）忠（县）黔（江）铁路等；加快巫山机场建设，尽快推动实施万州机场扩建工程；加快万州新田港一期建设，推动丰都水天坪港二期等前期工作。

渝东南片区

重点加快渝怀铁路复线、秀山至松桃高速、酉阳至沿河高速、黔江至石柱高速建设进度，尽快开工建设梁黔高速公路石柱至黔江段，尽早启动建设黔张常铁路、渝怀铁路二线、黔石高速公路，加快推进黔张高速公路、黔遵高速公路、彭水至酉阳高速、黔江东南环高速、武隆至道真高速、重庆至黔江快速铁路、黔毕昭铁路、渝湘高铁、恩黔毕昭铁路等项目前期工作，研究论证酉阳至永顺等高速；加快实施武陵山机场改扩建，推进仙女山旅游支线机场建设；续建并建成石柱江家槽港一期，推动乌江白马至彭水航道整治工程等前期工作。

（二）强化基础设施建设对产城融合发展的支撑作用

按照新型城镇化发展战略要求，完善城镇基础设施，增强城镇承载能力，改善人居环境。强化供排水、输配电、燃气管网等建设，充分发挥基础设施对功能布局、产业发展、人口集聚的支撑和先导功能。推进天然气输气管道网和供气设施建设，重点解决饮水不安全等问题，加快完善城镇地下管网，着力改善生产生活条件。

1. 提升能源保障能力

推进长江、乌江、嘉陵江等干流和大溪河、大宁河、郁江等流域水电资源梯级开发利用，因地制宜发展水电、风电、太阳能、生物质能等清洁能源。稳步推进重庆核电前期工作；优化煤炭产能，推动燃煤消费替代，推动区域煤炭资源合作；加快常规天然气和页岩气勘探开发和利用。构建与周边省市互联互通的能源战略通道，完善高效安全的能源输配体系。加快发展智能电网和智慧能源系统，加快完善电动汽车充电服务体系。完善天然气、页岩气集输管网与跨省市国家骨干天然气管道连接线。科学布局石油仓储设施，完善成品油分销体系和终端销售网络，优化市级成品油供给应急储备机制。

专栏 5-4　四大片区能源保障设施布局

电源项目

火电

建成奉节电厂、安稳电厂二期、重庆电厂环保迁建、南桐低热值煤发电、习水二郎电厂二期和贵州毕节电厂项目，建设永川港桥工业园等热电联产项目，开展华能江津电厂、万州电厂二期等项目论证工作。

水电

建成浩口、罗洲坝等水电站，加快建设綦江蟠龙抽水蓄能电站，开展丰都栗子湾抽水蓄能电站前期工作，稳妥推进白马等电航枢纽工程。

再生能源

建成万州蒲叶林、奉节金凤山、巫山红椿、巫溪猫儿背、武隆大梁子、石柱千野草场、酉阳龙头山风电场，开工彭水辽竹顶等一批风电场，建成涪陵—长寿垃圾焚烧发电厂、第三垃圾焚烧发电厂等一批生物质发电项目。

清洁高效能源

实施主城、涪陵、潼南等100个分布式能源示范项目，启动浅层地源热泵等地热资源综合利用示范工程。核电：开展重庆核电前期论证，做好涪陵、丰都、忠县厂址保护。

管网项目

建设川渝第三输电通道和铜梁、金山、中梁山、忠县500千伏输变电工程，扩建板桥、圣泉、巴南等500千伏输变电工程，按照国家要求推进川渝特高压输电通道建设前期工作。新扩建220千伏变电站36座，有序推进城市配网和农村电网改造。建成江津—荣昌成品油管道、渝湘黔天然气管道重庆段、万州—云阳天然气管道、云阳—奉节—巫山—巫溪天然气管道、自贡—隆昌—荣昌—永川—江津天然气管道、磨溪—高石梯等天然气管道。开展渝黔桂页岩气外输通道前期工作。

油气项目

续建磨溪气田、罗家寨常规天然气开发项目，建成涪陵页岩气二期，启动宣汉—巫溪、忠县—丰都、彭水、丁山核心区、荣昌—永川、渝西、酉阳、黔江、城口、秀山等页岩气田开发项目。继续推进昆明—重庆—成都原油管道前期工作。建设国家物资储备局四三五油库、航空煤油库。建成涪陵、潼南、忠县、丰都、铜梁LNG液化工厂。加快推进车（船）用LNG加气站建设，力争建成80个LNG加气站。推进潼南天然气脱硫厂项目前期工作。

2. 强化水资源保障能力

加快构建分区互联互通水资源配置格局，基本解决部分区域工程性缺水问题。实施南川金佛山、巴南观景口等大中小型水库及引提水、水系连通工程，推进渝西片区水资源配置工程建设。加快推进城市应急水源工程、城市水厂与应急水源连通工程、城市水厂间主管网互通工程建设。实施城乡供水工程升级改造，提高城乡供水保障能力，有序试点城市直饮水。

专栏 5-5　四大片区水资源保障布局

水库

大型水库

建设南川金佛山水库、巴南观景口水库、綦江藻渡水库等，开展云阳向阳水库、开县跳蹬水库前期研究论证。

中型水库

江津鹅公水库、云阳青杉水库、万盛板辽水库（二期）、綦江黄沙水库、秀山桐梓水库、涪陵黑塘水库、垫江龙滩水库、彭水凤升水库、丰都龙兴坝水库、武隆沙河水库、大足胜天湖水库、巫溪凤凰水库、荣昌高升桥水库等 45 座。

其他水利工程

50 个引提水及连通工程、渝西水资源配置工程、南水北调中线大宁河调水工程、长江防洪工程二期等。

供水工程

新建寸滩水厂、苟溪桥水厂、万州杨柳水厂、江南水厂、道角水厂、白市驿水厂、观景口水厂、蔡家水厂、武隆白马山水厂、秀山第三水厂、石柱第二水厂，改扩建梁沱水厂、井口水厂、高家花园水厂、东渝水厂、丰收坝水厂、白洋滩水厂、大溪沟水厂、打枪坝水厂、水土水厂、牛头岩水厂、大学城水厂、武隆仙女山水厂。

（三）促进基本公共服务配套设施与产城发展相适应

推进市级优质教育、医疗资源向渝西片区扩散，加强万州、黔江、涪陵、永川等区域性教育、医疗、应急中心建设。以“两翼”贫困地区为重点，促进义务教育均衡发展，推行中职免费教育，着力提高主要劳动年龄人口平均受教育年限；促进医疗机构提档升级，确保各县拥有一所二甲以上医疗机构，实现乡镇卫生院、社区卫生服务中心标准化全覆盖。合理布局和建设文化设施，促进公共文化服务逐步向基层延伸倾斜，推进区县文化体育场馆建设，实现社区和行政村文化活动中心、全民健身设施全覆盖。推进各类社会保险的全覆盖和全市统筹，逐步提高全社会保障能力和水平。加强城乡公共服务平台设施建设，实现城市社区服务站、村级公共服务中心全覆盖，增强城乡社区服务功能。

五、强化区域合作和对外开放

当前，经济全球化和区域经济一体化发展趋势越来越明显，生产力要素流动越来越自由。因此，区域生产力布局优化不应只局限于本地，更应以全球视野来审视生产力要素和资源的配置。为此，应抓住国家“一带一路”和长江经济带发展战略契机，加快与“一带一路”等国家经贸合作，与长江经济带及周边地区加强区域合作，在更大范围内优化配置生产力要素和资源，提升区域竞争力。

（一）优化口岸平台布局

目前，重庆市开放型经济发展仍处于起步阶段，应根据四大片区的产业布局合理调整开放平台布局，加快壮大口岸经济规模，提升对外开放水平。

1. 主城片区

主城片区是重庆市口岸经济发展的主战场，重点发挥好“三个三合一”开放平台功能，高标准实施中新（重庆）战略性互联互通示范项目，加快两江新区开发开放，积极争取设立中国（重庆）自由贸易试验区，加快建设国家跨境电子商务综合试验区、服务贸易创新发展试点城市、临空经济示范区等，提升对外开放水平。

（1）强化口岸建设，加快完善口岸体系

推动寸滩港口岸功能向果园港拓展，增强重庆铁路汽车整车口岸以及原木、植物种苗等指定口岸吸纳和辐射能力，重点支持建设航运电子口岸，利用巴南公路物流基地发展探索设立公路一类口岸，加快口岸基础设施建设。

（2）依托口岸加快完善对外大通道布局，提升对外开放水平

依托沙坪坝铁路口岸和渝新欧国际贸易大通道，连接北碚铁路枢纽站，对接丝绸之路经济带，对外通过陆路将我国与中亚五国、俄罗斯和欧洲国家连通起来，推动向西开放；依托江北寸滩、果园水港口岸，连接九龙坡、大渡口水港，对接长江经济带，实现成渝经济区与武汉城市圈、长株潭城市群、皖江城市带、鄱阳湖生态经济区、长三角地区的联动发展，推动向东开放；依托沙坪坝团结村铁路口岸，连接巴南公路物流基地和南岸铁路枢纽站，加快我国西部地区、珠三角（含港澳）和东南亚地区的连通，对接海上丝绸之路经济带，推动向南开放；依托渝北空港口岸、渝中电子口岸，加强铁路、水运口岸的联运，推动面向全球的内陆开放。

（3）完善运输物流体系和口岸周边集疏运网络

进一步优化物流园区和货场布局，完善铁、空、水口岸联运货物保

税物流专用通道建设，打造集铁、公、水、空等为一体的无缝衔接、高效运转的口岸物流通道。

2. 渝西片区

目前，渝西片区口岸建设相对滞后，要进一步加大口岸建设布局，适应渝西片区经济发展对开放平台的需求。加快建设一批新口岸，不断完善国家级高新区、区县特色工业园区开放功能，重点推进涪陵、江津、永川水运口岸建设，在江津、涪陵等设立综合保税区，加快完善多种指定口岸功能，完善查验机构布局，在有条件的区县有序设立海关、检验检疫等机构。

3. 渝东北、渝东南片区

渝东北、渝东南片区是重庆对外联结的重要地区，应加快布局口岸及对外通道，发挥对外联结节点的重要作用，提升两翼地区的对外开放水平。适时布局和建设口岸。不断完善国家级经开区、区县特色工业园区开放功能，重点推进万州、丰都水运口岸建设，推进万州、黔江机场等航空口岸对外开放，加快完善指定口岸功能，完善查验机构布局，在有条件的区县有序设立海关、检验检疫等机构。以万州保税口岸功能为核心，争取扩展粮食等新的口岸功能，积极争取设立保税区，扩展功能，形成区域综合开放平台。

（二）注重与“一带一路”等国家加强经贸合作

积极融入以“一带一路”为重点的全球产业分工体系。结合重庆处于“一带一路”节点的特殊地理经济区位，将重庆产业置于全球产业分工体系中，以全球视野谋划产业布局和发展。

强化基础设施互联互通，进一步夯实经贸合作基础。加强与德国等欧盟国家在高新技术、高端装备、新能源、新材料等领域合作，推进国际产能合作，探索建立境外产业园区。

鼓励重庆汽车、化工、矿产资源开发等领域优势企业转移部分产能进入俄罗斯市场，引进俄罗斯通用航空、材料等领域先进技术和企业。

积极推动与非洲经贸合作交流，引导和鼓励重庆企业“走出去”，到非洲国家开展农业、机械制造业、基础设施、信息通信等领域重大投资合作。

继续扩大对东盟和南亚贸易和投资，鼓励重庆汽摩、机电、天然气化工、轨道交通、垃圾焚烧发电、建筑施工、能源等优势企业向南亚和东南亚拓展。创新与港澳台地区交流合作。

（三）加强与长江经济带及市外毗邻地区合作

1. 与长江经济带合作

重点加强产业分工协作和产业错位发展，共同构建现代产业体系。高起点、链条化、集群式承接长三角地区产业转移，积极推动集成电路、机器人及智能机床、生物工程、新材料等战略性新兴产业集群式发展。

与上海、江苏、浙江等地加强重点产业合作，构建电子信息、汽车、高端装备等产业集群；注重与重庆周边地区加强产业配套协作，完善产业链条，共同构建特色产业集群。

加强在产业创新等方面的合作，与沿江城市在重大产业关键技术平台、创新要素信息共享平台等方面开展合作，在城市各项创新，包括体制机制创新方面建立交流共享机制，努力构建一体化创新机制，促进创新要素自由流动，与沿江城市共同打造流域品牌。

2. 与四川省合作

重点与广安、遂宁、资阳等地市相应区县合作，强化产业配套、城市功能互补，打造成渝经济区环渝腹地经济区块。

在产业合作方面，重点在轻纺、材料、装备制造、汽车配套等方面进行合作；在城市功能方面，重点围绕重庆“一小时经济圈”如何增强辐射能力方面展开合作。

在川渝两地构建汽车、IT 零部件和都市消费品产业走廊，石油天然气化工产业走廊，特色资源加工走廊。

3. 与贵州省合作

积极推进交通、能源、产业、市场、生态环保等方面的合作，重点与遵义市相应区县开展旅游、能源产业合作，加强城市功能配套和互补，在传承重庆主城片区经济辐射服务功能、重大基础设施建设、重点产业发展的协作分工等方面积极合作，互动互补发展，打造渝黔合作共赢先行区，借此构建重庆南向开放的出海大通道。

4. 与其他地区合作

深化渝滇边贸口岸合作，推进两省市产业合作，鼓励渝企入滇发展。强化与广东、广西、陕等省（自治区）的战略合作。支持市内区县与沿江省市开展园区共建、“产业飞地”战略合作试点，合力构建沿江物流、旅游、轨道装备、大数据等优势产业联盟，共同参与国内外市场竞争。

第六章
Chapter 6

政策建议

一、强化产业政策分类引导

由于重庆市四大片区自然条件、产业基础等存在明显差异，因此不能笼统地提出“一刀切”的产业政策，必须要根据各功能区的具体情况，实施区别对待、分类引导的产业政策。

（一）严格落实四大片区发展定位和主要任务

推动主城片区进一步优化结构，实现产业高端化，依托口岸经济优势提升战略性新兴产业和现代服务业发展水平。大力推进渝西片区城乡统筹发展，成为全市人口和经济集聚的重要承载区域。

“两翼”片区推动绿色经济发展，禁止落后产能产业进入。重点通过“负面清单+鼓励目录”相结合的方式，严格限制负面清单内的产业项目投资，并对现有落后产能进行转型升级或淘汰；遵循市场原则引导发展鼓励类产业，并给予适当财税扶持、要素支持或其他奖励，加快构建起四大片区各具特色的支柱产业集群。

（二）构建以发展定位为导向的产业政策

建立分片区的经济社会发展（含产业发展）规划、土地利用总体规划、城乡建设总体规划、生态环境保护规划“四规合一”新机制，并按规划要求健全统计指标体系，加强对规划实施的督促和考核。

引导主城片区优化空间、适度疏解人口和部分城市功能，延伸和拓展都市发展空间、有序推动人口聚居，建设用地指标适度向渝西片区和“两翼”的重要节点区域倾斜；强化“两翼”面上保护，并引导其超载人口有序向外转移。

（三）完善和落实产业自主创新政策

推动主导产业和相关配套产业技术创新，积极探索新的产业增长点，建立以企业为主体、市场为导向、产学研相结合的技术创新体系，突出抓好引进消化吸收再创新和集成创新。制定区县优势产业指导目录和配套政策，结合片区发展定位规划，引导各区县产业发展优势互补，优化区域产业布局。

二、加强城镇格局优化引导

随着城镇集群成为我国新型城镇化的主体形态，对外，重庆隶属成渝经济区，是长江经济带上的重要城镇群；对内，重庆正在加快打造“一区两群”城镇集群空间格局，即一小时经济区、渝东北城镇群和渝东南城镇群。由于城镇集群发展形势不断变化，且不同城市群之间的能级差距较大，重庆内外城镇群的区域协作和管理难度较大，必须创新协调发展机制。

（一）成立跨区域的城镇集群发展协调小组

由市政府牵头，各级城镇共同参与组建，建立城市集群发展对话机制，重点是制定制度化议事和决策机制。包括定期召开高层会议，协调区域发展规划的实施，相互交换信息；搭建城镇之间、部门之间的区域信息平台（如内网门户），共享信息，交流工作；各城镇根据优势互补原则可以建立小范围城镇联盟，联合制作对外宣传电子平台、地方宣传手册等，树立整体对外形象。

（二）推动省际联动一体化发展

向西、向北积极与四川、陕西等省市对接，就丝绸之路经济带建设、基础设施布局等重要事项统一规划，共同编制区域发展规划，进一步推动升级为国家级重点规划，争取国家层面的全面支持；利用“一带一路”和成渝城市群建设契机，策划并争取将“一小时经济圈”与周边地区跨区域的快速交通通道、电网通道、水利、物流、通信基础设施等重大工程项目纳入国家重点项目规划；推动双桥和万盛经济技术开发区上升为国家级开发区，支撑带动渝西、渝南地区产业与城市发展。

向南依托南丝绸之路，密切与贵州、云南等周边省市的联系，签订跨省域区域合作协议，建立经济、社会多领域的战略合作伙伴关系，如围绕“渝黔经济合作示范区”开展深入研究，力争上升为国家战略，促进“一小时经济圈”南部板块开发和城市绵延带的形成。

向东依托长江经济带，加强与湖北、上海等省市的互动与合作，建立健全区域间互动合作机制，积极承接东部产业转移，促进新型城镇集聚发展。

（三）突出企业在区域协作中的主体地位

大型国有或跨区企业在其市场化运作过程中，往往带动和促进了人口、资金、技术等生产要素的跨区域流动，强化了区域之间的联系与协作。要突出企业主体在跨区域资源配置中的基础性作用，既要积极引进高新技术企业，又要鼓励具有竞争性的本地企业走出去，发挥企业在区域协作中的主体力量。

三、注重国土资源规划管理

统筹保障发展和保护资源，科学调整四大片区国土资源利用结构与布局，有效缓解产业和城镇发展的土地指标硬约束，为四大片区产业和城镇集群化发展提供资源保障。

（一）积极推进“多规融合”

按照国家对县（市）探索的“多规融合”试点工作的具体要求，勇于实践、大胆探索，加快推进江津“多规融合”试点工作。构建以国民经济和社会发展规划为统领，以主体功能区规划为基础，以国土规划、城乡规划、环境规划其他各专项规划为支撑的空间规划体系。

优化编制四大空间规划，经济社会规划明确发展目标和发展方向，土地利用规划具体管制土地用途和规模，城乡规划具体管制城乡建设空间、方向和布局，环境规划具体管制生态保护空间和环境准入，从而形成定位清晰、功能互补、统一衔接的空间规划体系。

有效缩减专项规划数量，合理精简专项规划内容，将专项规划转化为行动方案、行动计划或专项政策。积极推进空间规划全覆盖，加快编制镇规划、乡规划、村规划，统筹安排各类基础设施和公共设施，形成生产、生活、生态空间的合理结构。

（二）加强土地资源的监管

开展城市规模扩展遥感监测、应急监测和重大工程遥感跟踪监测，建立覆盖四大片区的土地利用动态遥感监测系统，提高土地利用遥感监测的针对性和实效性。

重点加强城市地价动态监测、农村集体土地流转价格和征地补偿标准监测，实现各类监测数据信息动态管理、综合集成，提高综合调查和动态监测能力，增强宏观调控能力。

加强土地流转用途管制，坚持最严格的耕地保护制度，切实保护基本农田；建立“下乡”企业投资农业负面清单，探索“下乡”企业流转农业用地风险保障金制度，严禁农用地非农化；利用规划和标准引导设施农业发展，强化设施农用地的用途监管。

健全土地流转程序性制度建设，完善土地的决策管理、审批管理、交易管理以及收益管理等诸多环节，规范流转过程，发挥监管作用。

四、充分发挥市场机制作用

强化市场基础地位，发挥市场机制对产业和城镇空间格局优化的调配作用。重点坚持并发挥企业的市场主体地位，政府不得干预企业自主市场行为，应全力做好基础服务工作，为企业，尤其是小微企业的集聚发展创造条件，引导企业的自主集聚。

一是按照“大众创业，万众创新”的新要求，创建小企业创业基地、成长孵化器、中创空间等企业发展平台，为符合国家产业政策条件的企业，重点为环保企业、高科技企业、自主创新企业等提供金融、财政等优惠政策，诱导企业集聚。

二是加快完善产业园区和工业园区的交通通信、配套服务等基础设施条件。

三是进一步实施简政放权，提高行政效率，推进行政审批制度改革，消除行政审批的“灰色中介”，创建企业所需的公平、公正、宽松的市场环境。

参考文献

[1] 樊杰. 我国主体功能区划的科学基础 [J]. 地理学报，2007，62（4）：339-350.

[2] 樊杰. 主体功能区战略与优化国土空间开发格局 [J]. 中国科学院院刊，2013，28（2）：193-206.

[3] 陆大道，樊杰，刘卫东，等. 中国地域空间、功能及其发展 [M]. 北京：中国大地出版社，2011.

[4] 刘卫东，陆大道. 新时期我国区域空间规划的方法论探讨——以“西部开发重点区域规划前期研究”为例 [J]. 地理学报，2005，60（6）：894-902.

[5] 张明东，陆玉麒. 我国主体功能区划的有关理论探讨 [J]. 地域研究与开发，2009，28（3）：7-11.

[6] 朱传耿，仇方道，马晓冬，等. 地域主体功能区划理论与方法的初步研究 [J]. 地理科学，2007，27（2）：136-141.

[7] 李雯燕，米文宝. 地域主体功能区划研究综述与分析 [J]. 经济地理，2008，28（3）：357-361.

[8] 吴箐，汪金武. 主体功能区划的研究现状与思考 [J]. 热带地理，2009（6）：532-538.

[9] 陆大道. 区位论及区域研究方法 [M]. 北京：科学出版社，1988：92-93.

［10］Friedmann J. Regional Development Policy：A Case Study of Venezuela［M］. The MIT Press，1966：102-106.

［11］Gersbach H, Schnlutzler A. External Spillovers, lnternal Spillovers and the Geography of Production and Innovation［J］. Regional science and Urban Economics，1999（X29）：679-696.

［12］Eaton J, Kortum. Technology, Geography and Trade［J］. Eonometrica, 2002, 70（5）：1741-1779.

［13］Martin L. Sequential Location Contests in the Presence of Agglomeration Economics［R］. Uninvaritv of Washington，1999.

［14］陆大道．区域发展及其空间结构［M］. 北京：科学出版社，1998：27-19.

［15］于谨凯，于海楠，刘曙光，单春红．基于“点一轴”理论的我国海洋产业布局研究［J］. 产业经济研究，2009（39）：55-61.

［16］韩增林，刘伟，王利．“点—轴系统”理论在中小尺度区域交通经济带规划中的应用——以大连旅顺北路产业规划为例［J］. 经济地理，2005（25）：662-666.

［17］许学强．我国城镇规模体系的演变和预测［J］. 中山大学学报（社会科学版），1982（3）：40-49.

［18］宋家泰，顾朝林．城镇体系规划的理论与方法初探［J］. 地理学报，1988（2）：97-107.

［19］顾朝林．中国城镇体系［M］. 北京：商务印书馆，1992.

［20］周一星．城市地理学［M］. 北京：商务印书馆，1995.

［21］姚士谋．中国城市群［M］. 合肥：中国科学技术大学出版社，1992.

［22］周春山，颜秉秋，刘艳艳．新经济下城市竞争力分析——以

广州为例［C］. 中国地理学会学术年会论文集，2007.

［23］孙志刚. 城市功能论［M］. 北京：经济管理出版社，1998.

［24］茅芜. 城市功能开发研究［M］. 上海：上海三联书店，1998.

［25］彭兴业. 首都城市功能研究［M］. 北京：北京大学出版社，2000.

［26］马仁锋，王筱春，张猛，等. 主体功能区划方法体系建构研究［J］. 地域研究与开发，2010，29（4）：10–15.

［27］高国力. 我国主体功能区划分及其分类政策初步研究［J］. 宏观经济研究，2007（4）：1–10.

［28］李宪坡. 解析我国主体功能区划基本问题［J］. 人文地理，2008，23（1）：20–24.

［29］刘传明，李伯华，曾菊新. 湖北省主体功能区划方法探讨［J］. 地理与地理信息科学，2007，23（3）：64–68.

［30］叶玉瑶，张虹鸥，李斌. 生态导向下的主体功能区划方法初探［J］. 地理科学进展，2008，27（1）：39–45.

［31］楚波，金凤君. 综合功能区划的区域实践——以东北地区为例［J］. 地理科学进展，2007，6（6）：68–78.

［32］张胜武，石培基. 主体功能区研究进展与述评［J］. 开发研究，2012，160（3）：6–9.

［33］曹有挥，陈雯，吴威，等. 安徽沿江主体功能区的划分研究［J］. 安徽师范大学学报，2007，30（3）：383–389.

［34］张广海，李雪. 山东省主体功能区划分研究［J］. 地理与地理信息科学，2007，23（4）：57–61.

［35］廖顺宝，孙九林. 基于 GIS 的青藏原人口统计数据空间化［J］. 地理学报，2003，58（1）：25–33.

［36］程砾瑜．基于 DMSP/OLS 夜间灯光数据的中国人口分布时空变化研究［Z］．中国科学院遥感应用研究所，2008.

［37］曹丽琴，李平湘，张良培．基于 DMSP/OLS 夜间灯光数据的城市人口估算——以湖北省各县市为例［J］．遥感信息，2009（1）：83-87.

［38］刘睿文，封志明，游珍，等．中国人口集疏格局与形成机制研究［J］．中国人口·资源与环境，2010，20（3）：89-94.

［39］王永丽，于君宝，马心璐，陈会民．西安市人口压力定量评价［J］．江西农业大学学报（社会科学版），2011（3）：103-108.

［40］窦文武．产业升级 GIS 模型研究与应用［D］．河南理工大学，2011（6）.

［41］郭红，姜春晖，李晓越，王丹，李雁，芥晓红．基于 GIS 的东北地区经济空间结构演变与发展趋势分析［J］．测绘与空间地理信息，2009，32（2）：1-3.

［42］曹宗龙，陈松林．基于 GIS 的经济与产业重心空间演变及动态分析——以福州市为例［J］．亚热带水土保持，2011，23（2）：22-28.

［43］王昆，王珊，孔宪娟，等．基于空间分析的区位优势度模型及其应用分析［J］．林业调查规划，2013，38（2）：13-19.

［44］明庆忠．论山间盆地城市地貌适宜利用模式［J］．地理学与国土研究，1995，11（2）：52-57.

［45］陈桂华，徐樵利．城市建设用地质量评价研究［J］．自然资源，1997（5）：22-30.

［46］刘贵利．城乡结合部建设用地适宜性评价初探［J］．地理研究，2000，19（1）：80-85.

［47］唐先明，周万村．山地城镇迁建选址模型研究——以巫山县

为例［J］. 山地学报，2001，19（2）：135-140.

［48］申金山，关柯，李峰. 城市居住用地适宜性评价方法与应用［J］. 城市环境与城市生态，1999，12（2）：29-31.

［49］崔凤军，刘家明. 旅游环境承载力理论及其实践意义［J］. 地理科学进展，1998，17（1）：86-91.

［50］时亚楼，李升峰. 风景名胜区旅游环境适宜性分析——以中山陵园风景名胜区为例［J］. 城市环境与城市生态，2004（5）：15-17.

［51］钟林生，肖笃宁，赵士洞. 乌苏里江国家森林公园生态旅游适宜度评价［J］. 自然资源学报，2002，17（1）：71-77.

［52］郭晋平，李文荣，王惠恭，王永强，张芸香. 黄土高原土地宜林性评价及土地利用规划方法的研究——以隰县试区为例［J］. 资源科学，1997（1）：35-40+46.

［53］卫三平，李树怀，卫正新，秦旭峰，王力. 晋西黄土丘陵沟壑区刺槐林适宜性评价［J］. 水土保持学报，2002，16（6）：103-106.

［54］孟林. 草地资源生产适宜性评价技术体系［J］. 草业学报，2000（4）：1-12.